"十四五"国家重点出版物
青少年人工智能科普丛书 | 总

人工智能简史

编著　兰晓红　马　燕
参编　邓　颖　汪　茧　乔家宝

西南大學出版社
SWUPG 国家一级出版社 全国百佳图书出版单位

图书在版编目(CIP)数据

人工智能简史 / 兰晓红, 马燕编著. -- 重庆 : 西南大学出版社, 2025. 4. -- ISBN 978-7-5697-3028-9

Ⅰ. TP18-49

中国国家版本馆CIP数据核字第2025SV7554号

人工智能简史

RENGONG ZHINENG JIANSHI

兰晓红　马燕◎编著

图书策划:张浩宇
责任编辑:张浩宇
责任校对:李　君
装帧设计:闰江文化
排　　版:陈智慧
出版发行:西南大学出版社(原西南师范大学出版社)
经　　销:全国新华书店
印　　刷:重庆市远大印务有限公司
成品尺寸:140mm×203mm
印　　张:5.5
字　　数:150千
版　　次:2025年4月　第1版
印　　次:2025年4月　第1次印刷
书　　号:ISBN 978-7-5697-3028-9
定　　价:38.00元

总主编简介

邱玉辉，教授（二级），西南大学博士生导师，中国人工智能学会首批会士，重庆市计算机科学与技术首批学术带头人，第四届教育部科学技术委员会信息学部委员，中共党员。1992年起享受政府特殊津贴。

曾担任中国人工智能学会副理事长、中国数理逻辑学会副理事长、中国计算机学会理事、重庆计算机学会理事长、重庆市人工智能学会理事长、重庆计算机安全学会理事长、重庆软件行业协会理事长、《计算机研究与发展》编委、《计算机科学》编委、《计算机应用》编委、《智能系统学报》编委、科学出版社《科学技术著作丛书·智能》编委、《电脑报》总编、美国IEEE高级会员、美国ACM会员、中国计算机学会高级会员。长期从事非单调推理、近似推理、神经网络、机器学习和分布式人工智能、物联网、云计算、大数据的教学和研究工作。已指导毕业博士后2人、博士生33人、硕士生25人。发表论文420余篇（在国际学术会议和杂志发表人工智能方面的学术论文300余篇，全国性的学术会议和重要核心刊物发表人工智能方面的学术论文100余篇）。出版学术著作《自动推理导论》（电子科技大学出版社，1992年）、《专家系统中的不确定推理——模型、方法和理论》（科学技术文献出版社，1995年）、《人工智能探索》（西南师范大学出版社，1999年）和主编《数据科学与人工智能研究》（西南师范大学出版社，2018年）、《量子人工智能引论》（西南师范大学出版社，2021年）、《计算机基础教程》（西南师范大学出版社，1999年）等图书20余种。主持、主研完成国家“973”项目、“863”项目、自然科学基金、省（市）基金和攻关项目16项。获省（部）级自然科学奖、科技进步奖四项，获省（部）级优秀教学成果奖四项。

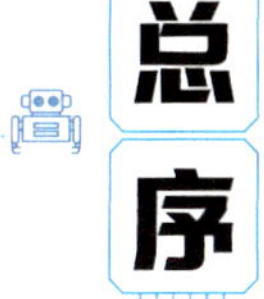

总序

人工智能(Artificial Intelligence,缩写为AI)是计算机科学的一个分支,是建立智能机,特别是智能计算机程序的科学与工程,它与用计算机理解人类智能的任务相关联。AI已成为产业的基本组成部分,并已成为人类经济增长、社会进步的新的技术引擎。人工智能是一种新的具有深远影响的数字尖端科学,人工智能的快速发展,将深刻改变人类的生活与工作方式。世界各国都意识到,人工智能是开启未来智能世界的钥匙,是未来科技发展的战略制高点。

今天,人工智能被广泛认为是计算机化系统,它以通常认为需要智能的方式工作和反应,比如学习、在不确定和不同条件下解决问题和完成任务。人工智能有一系列的方法和技术,包括机器学习、自然语言处理和机器人技术等。

2016年以来,各国纷纷制订发展计划,投入重金抢占新一轮科技变革的制高点。美国、中国、俄罗斯、英国、日本、德国、韩国等国家近几年纷纷出台多项战略计划,积极推动人工智能发展。企业将人工智能作为未来的发展方向积极布局，围绕人工智能的创新创业也在不断涌现。

牛津大学的未来人类研究所曾发表一项人工智能调查报告——《人工智能什么时候会超过人类的表现》，该调查报告包含了352名机器学习研究人员对人工智能未来若干年演化的估计。该调查报告的受访者表示，到2026年，机器将能够写学术论文；到2027年，自动驾驶卡车将无需驾驶员；到2031年，人工智能在零售领域的表现将超过人类；到2049年，人工智能可能造就下一个斯蒂芬·金；到2053年，将造就下一个查理·托（注：一位知名的外科医生）；到2137年，所有人类的工作都将实现自动化。

今天，智能的概念和智能产品已随处可见，人工智能的相关知识已成为人们必备的知识。为了普及和推广人工智能，西南大学出版社组织该领域的专家编写了《青少年人工智能科普丛书》。该套丛书的各个分册力求内容科学，深入浅出，通俗易懂，图文并茂。

人工智能正处于快速发展中，相关的新理论、新技术、新方法、新平台、新应用不断涌现，本丛书不可能都关注到，不妥之处在所难免，敬请读者批评和指正。

邱玉辉

前言

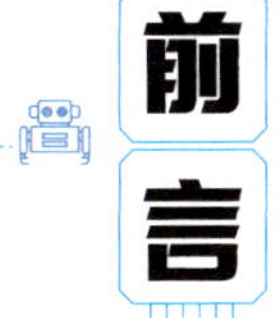

在人类文明的漫长历程中，我们从未停止过对智慧的追寻。从古希腊神话中青铜巨人塔罗斯的炽热目光，到诸葛亮的木牛流马在蜀道上的神秘蹄印；从莱布尼茨的二进制思想，到图灵对“机器能否思考”的哲学叩问。人工智能的种子，早已深埋于人类对“创造智慧”的永恒渴望之中。今天，这场跨越数千年的探索终于结出果实：人工智能不再停留于幻想，而是以颠覆性的力量重塑着我们的世界。

本书力图为读者呈现一幅人工智能发展的全景图。我们追溯其源头，从神话与古代技艺中的智能憧憬，到逻辑思维与机械计算的思想奠基；从达特茅斯会议的命名确立，到早期发展热潮中的理论突破与应用尝试；从寒冬困境中的反思坚守，到复兴之路上的技术狂飙。书中不仅梳理了冯·诺依曼的计算机体系、图灵测试的哲学追问、深度学习的革命性突破等里程碑事件，更深入剖析了人工智能在工业、医疗、交通、教育等领域的渗透与变革。

然而，技术的光芒之下亦暗藏挑战。当阿尔法狗在围棋棋盘上击败人类冠军，当智能语音助手成为生活伴侣，当无人驾驶汽车驶入现实街道，我们不得不直面一系列深刻命题：算法偏见如何侵蚀公平？数据洪流中如何守护每个人的隐私？机器智能的边界究竟在哪里？本书聚焦技术瓶颈与社会伦理，探讨人工智能在知识迁移、语义理解、人机交互等维度的困境，并反思其引发的就业变革、经济重构与文明演进。

这是一部关于技术的史诗，更是一面映照人类自身的镜子。书中既有对先驱者的致敬，也有对未来的大胆展望。我们试图在历史纵深与未来图景的交织中，揭示一个本质：人工智能不仅是算法的进化，更是人类认知自我、改造世界的一场伟大实验。

谨以此书献给所有对智能奥秘怀有好奇的探索者。无论您是技术从业者、人文思考者，还是对未来充满想象的普通读者，本书都将为您打开一扇理解人工智能的窗口。在这个机器与人类共舞的新纪元，愿我们既能理性驾驭科技的力量，亦能以人文温度守护文明之光。

参与该书编写的同志有：邓颖、汪茧、乔家宝。

编者

目录

CONTENTS

第一章 人工智能的萌芽

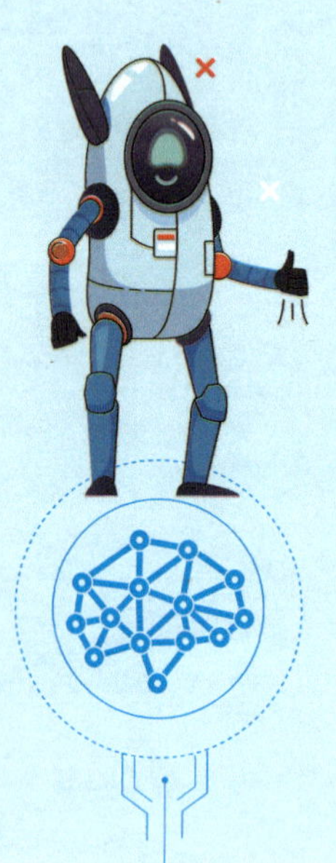

1.1 起源

当我们的祖先仰望星空，俯瞰大地，在对自然之力充满敬畏的同时，也对智慧的奥秘展开了无尽的遐想。这些早期的幻想犹如点点星光，在历史的夜幕中闪烁，不仅照亮了古人对未知世界的探索之路，也为后世人工智能的诞生埋下了充满希望与憧憬的种子。从神话传说里神匠打造智能生命的传奇，到初现端倪的智能机械构造，人类对人工智能的追求跨越了千年岁月，展现出了对超越自身智慧力量的不懈渴望。

一、神话与智能憧憬

神话，作为人类文明早期的精神瑰宝，承载着古人对世界起源、生命奥秘以及超自然力量的理解与想象。在众多绚丽多彩的神话故事中，不乏对智能生命或智能器物的生动描绘，这些奇妙的构想反映出当时人们内心深处对人工智能的朦胧憧憬。

在古希腊神话中，关于塔罗斯的故事令人称奇。塔罗斯是由火神赫菲斯托斯奉宙斯之命制造的青铜巨人（图 1-1），他被赋予了守护克里特岛的使命。塔罗斯拥有强大的力量，每日沿着岛屿的海岸线巡逻，他的身体内部装有特殊的装置，可以产生并传导热量，使他的青铜身躯炽热无比，任何靠近他的敌人都会被他的高温所击退。更为神奇的是，塔罗斯还具备一定的智能感知能力，能够识别陌生的船只和人员，一旦发现危险，便会毫不犹豫地发动攻击，以保护岛上居民的安全。这个青铜巨人的形象，无疑是古希腊人对智能机械守护者的一种大胆想象，它融合了力量、智能与使命，是那个时代人们心中理想的智能卫士。

图 1-1　青铜巨人塔罗斯

古埃及神话中也有类似的智能幻想元素。传说中，智慧之神托特创造了一种名为“乌加特之眼”的神秘器物。这只眼睛并非普通的眼睛，它被赋予了神奇的魔力和一定程度的智能。它可以自行观察世间万物，记录下所发生的一切，并能够根据预设的规则和指令，对善恶行为进行判断。当它发现邪恶势力在世间蔓延时，便会释放出强大的能量，将邪恶驱散，恢复世界的和平与安宁。“乌加特之眼”象征着智慧、洞察与正义的力量，体现了古埃及人对一种具有智能判断和行动力的神秘事物的向往，也反映出他们希望借助超自然的智能力量来维护社会秩序和道德规范的美好愿望。

在东方的神话传说里，有诸多奇奇怪怪的生物和器物，其中一些也蕴含着智能的影子。例如，“木甲术”这一传说描述了一种神奇的技艺，工匠们能够用木材制作出栩栩如生的人偶，并通过特殊的装置赋予它们简单的动作能力。这些木甲人偶(图 1-2)可以在一定程度上模仿人类的行为，如行走、搬运物品等，甚至还能根据特定的指令做出相应的动作。虽然这些动作相对较为简单，但它足以表明古代中国人已经开始思考如何通过人工手段创造出具有一定智能行为的物体，为中国的古代科技中关于机械制造和自动化技术的发展奠定了思想基础。

图 1-2 木甲人偶示意图

神话传说中的这些智能憧憬，虽然充满了奇幻色彩和超自然元素，但它们却是人类对人工智能最初的，也是最质朴的探索。它们反映了人类在面对自然和未知时，渴望借助智能的力量来改善生活、保护自己、追求正义的普遍心理。这些古老的传说如同璀璨的星辰，在历史的长河中熠熠生辉，激励着后世子孙不断追寻人工智能的梦想，将幻想逐步变为现实。

二、古代技艺中的智能

当神话传说中的智能幻想在人们的口口相传中不断演绎和丰富时，古代的能工巧匠们则在现实世界中，凭借着他们的智慧和精湛技艺，悄然孕育出了人工智能的早期雏形。这些古代技艺中的智能元素，虽然与现代意义上的人工智能相比显得较为简陋和原始，但它们却是人类在探索智能之路上迈出的坚实步伐，为后来人工智能技术的发展积累了宝贵的经验和灵感。

在中国古代，“机关术”的发展达到了相当高的水平，其中最具代表性的当属诸葛亮发明的木牛流马。据史书记载，木牛流马是一种用于运输粮草的机械装置，它能够在复杂的山地地形中自动行走，无需人力牵引。木牛流马的内部结构设计巧妙，运用了杠杆原理、齿轮传动等机械知识，通过一系列的机关连接和动力传递，实现了类似于现代自动机械的运动功能。它可以根据地形自动调整行走速度和姿态，保持运输过程的平稳性和可靠性。这种神奇的运输工具在当时的战争中发挥了重要作用，大大提高了粮草运输的效率，减轻了人力负担。从某种意义上说，木牛流马可以看作是古代中国在自动化运输领域的一项伟大创举，它蕴含了早期人工智能中关于自动控制和机械智能的基本理念。

古代的计时工具也展现出了一定的智能特征。例如，中国的水运仪象台就是一个集天文观测、计时报时、机械传动等多种功能于一体的大型仪器。它通过一套复杂的水力驱动系统，带动各个部件精确运转。水运仪象台不仅能够准确显示时间，还可以模拟天体运动轨迹，进行天文观测和星象演示。其内部的擒纵机构是一项关键的发明，类似于现代钟表中的擒纵装置，能够控制机械运动的节奏和精度，使整个仪器的运行更加稳定和准确。水运仪象台的建造体现了古代中国人在机械制造、天文历法以及自动控制等多方面的高超技艺和智慧，它是古代科技与智能设计相结合的杰出典范，为后来西方钟表制造技术的发展提供了重要的参考和借鉴。

在古希腊和古罗马时期，机械制造技术也取得了显著成就，出现了一些具有简单智能的机械装置。例如古罗马弹射器（图 1-3），它巧妙地结合了重力原理和复杂的传动机构。当操作人员拉动特定的绳索或触发机关时，弹射器能够迅速而准确地发射石块或箭矢。这种弹射器不仅增强了古罗马的军事能力，还彰显了古代工程师对机械动力学和物理原理的精湛理解，蕴含了一种原始的智能操控理念。古罗马的水钟也是一种非常精巧的计时工具，它通过水的流动来驱动齿轮转动，进而带动指针指示时间。水钟内部的调节装置可以根据季节变化和水位高低自动调整水流速度，确保计时的准确性。这些古代西方的机械装置虽然功能相对单一，但它们在机械结构设计、动力传输和自动控制等方面的创新，为后来工业革命时期机械自动化技术的大规模发展奠定了基础。

图1-3　古罗马弹射器

古代技艺里的智能机械雏形，是人类智慧在特定历史时期的结晶。它们虽然局限于当时的科技水平和材料条件，但却展现出了人类对智能机械的不懈探索精神和卓越创造力。这些早期的尝试犹如星星之火，在漫长的历史岁月中逐渐蔓延，为现代人工智能的兴起点燃了希望之光，让我们得以沿着先辈们开辟的道路，继续向着更高的水平奋勇前行。

1.2 思想奠基

随着历史的车轮滚滚向前，人类对智能的探索逐渐从神话与技艺的朦胧阶段发展为理性与系统的思考。在近代，一批杰出的先驱者犹如璀璨星辰，他们的开创性工作为人工智能的诞生奠定了坚实的思想基石，犹如破晓前的曙光，驱散了探索之路上的重重迷雾，引领人类向着人工智能的新纪元稳步迈进。

一、逻辑思维探索者

在近代，对逻辑思维的深入研究成为开启人工智能大门的关键钥匙之一。众多伟大的思想家开始剖析人类思维的内在逻辑结构，试图将其形式化、系统化，为机器模拟人类智能提供理论依据。其中，莱布尼茨、布尔和弗雷格等先驱者的贡献尤为卓著。

莱布尼茨（图 1-4），这位德国的博学巨匠，在 17 世纪就对逻辑思维产生了浓厚兴趣，并提出了一种名为“通用语言”的设想。他认为，可以创造一种精确、无歧义的符号语言，通过这种语言，所有的人类知识和推理都能够被清晰地表达和推演。莱布尼茨坚信，这种通用语言将成为人类思维与机器交流的桥梁，使得机器能够理解和处理人类的思想。尽管他未能完全实现这一宏伟设想，但他的理念为后来数理逻辑的发展指明了方向。例如,他发明的二进制系统,虽然最初是为了满足宗教和哲学上的思考,但却意外地成为现代计算机技术的重要基础。二进制系统的简洁性和逻辑性,使得计算机能够以最基本的 0 和 1 来表示和处理各种复杂的信息,为人工智能算法在计算机中实现提供了可能。

图 1–4　莱布尼茨

19 世纪的英国数学家乔治·布尔(图 1–5)进一步深化了逻辑思维的形式化研究。他创立的布尔代数,将逻辑推理转化为数学运算,用符号和等式来表示逻辑关系。布尔代数中的逻辑变量(如“真”与“假”、“是”与“非”)以及逻辑运算符(如与、或、非),为计算机电路设计和逻辑编程提供了直接的理论模型。在布尔代数的框架下,复杂的逻辑判断可以被简化为一系列的数学计算,这使得机器能够按照预定的逻辑规则进行自动推理和决策。例如,在现代计算机的芯片设计中,

图 1–5　乔治·布尔

大量运用了布尔代数的原理来构建逻辑门电路，这些逻辑门电路通过组合和连接，能够实现各种复杂的逻辑功能，如数据存储、运算处理、控制流管理等，从而构成了计算机的核心运算部件。布尔的研究成果使得逻辑思维不再仅仅是抽象的哲学概念，而成为一种可以被机器实现的具体操作，极大地推动了人工智能在逻辑层面的发展。

德国哲学家、逻辑学家弗雷格（图 1–6）则在 19 世纪末进一步完善了数理逻辑体系。他引入了量词和谓词逻辑，使得逻辑表达更加精确和丰富，且能够处理更为复杂的数学和哲学命题。弗雷格不仅为现代数学基础的巩固做出了重要贡献，也为人工智能中的知识表示和推理提供了强大的工具。在人工智能专家系统中，例如医疗诊断系统或法律咨询系统，需要对大量的专业知识进行表示和推理，弗雷格的谓词逻辑为这些系统提供了一种有效的方式来描述知识规则和进行逻辑推导。通过将专业知识转化为逻辑公式，专家系统能够根据输入的信息和预设的逻辑规则，模拟人类专家的思维过程，并给出合理的诊断建议或法律意见。弗雷格的逻辑体系使得人工智能系统能够在更复杂的知识领域中发挥作用，拓展了人工智能的应用范围和深度。

图 1–6　弗雷格

这些逻辑思维的早期探索者们，通过他们的智慧和努力，将人类思维的逻辑奥秘逐渐揭示出来，并转化为可供机器操作的数学和符号形式。他们的工作为人工智能的发展奠定了基础，使得机器能够在一定程度上模拟人类的逻辑推理能力，从而向着智能的方向迈出了重要的一步。

二、机械计算开拓者

在近代对人工智能的思想铺垫历程中，机械计算领域的先驱者们同样功不可没。他们致力于研制各种能够自动进行数学计算的机械装置，试图让它模拟人类的计算能力，这些努力不仅为现代计算机的诞生奠定了物质基础，也为人工智能在计算能力方面提供了重要支撑。巴贝奇、阿达·洛芙莱斯和霍列瑞斯等便是其中的杰出代表，他们的创新成果和开拓精神犹如璀璨星辰，在机械计算的历史长河中熠熠生辉。

查尔斯·巴贝奇（图1-7），这位19世纪的英国天才发明家，以其非凡的智慧与远见，被后世尊称为计算机科学的先驱。在那个蒸汽与齿轮交织的时代，巴贝奇以其对机械计算的深刻理解与不懈追求，引领了一场技术革命，为现代计算机乃至人工智能的发展奠定了坚实的基础。差分机，这一凝聚了巴贝奇心血与智慧的杰作，是他对自动

图1-7　查尔斯·巴贝奇

化数学计算的初步尝试。差分机的设计初衷是通过精密的机械结构和巧妙的算法，自动生成诸如对数表、三角函数表等复杂的数学函数表。这一创举不仅体现了巴贝奇对复杂数学运算自动化的深刻理解，也预示了未来计算机在处理大规模数据时的可能性。差分机的核心在于其能够通过机械齿轮的精密传动，按照预定的规则进行数值计算，并准确无误地输出结果。尽管由于当时制造工艺的限制，巴贝奇未能完全成功地制造出大规模实用的差分机，但他的设计思想却如同一株幼苗，深深植根于技术的土壤中，为后来计算机的发展提供了宝贵的灵感与启示。然而，差分机只是巴贝奇伟大构想的一部分。他提出的分析机概念，更是将机械计算推向了一个新的高度。分析机不仅具备了现代计算机的基本要素——输入装置、存储装置、运算器、控制器和输出装置，而且其设计架构与现代计算机的体系结构惊人的相似。巴贝奇设想通过穿孔卡片来输入数据和程序，这一创新性的设计使得数据的输入与程序的执行变得更为便捷与高效。存储装置能够保存中间结果和运算指令，运算器则负责进行各种数学运算，控制器则协调各部件的工作，确保整个计算过程的顺利进行。最终，计算结果将通过输出装置清晰地呈现出来。这一设计不仅极大地提高了计算的精度与效率，更为未来计算机的发展指明了方向。

巴贝奇不仅为计算机硬件的发展提供了重要的基础设想，更为人工智能领域的应用开辟了道路。让人们开始意识到，通过机械装置可以实现复杂的计算任务，从而开启了对人工智能的硬件的探索。巴贝奇的思想不仅在当时具有划时代的意义，更为后来计算机技术在人工智能领域的应用奠定了坚实的基础。

在巴贝奇的研究过程中，阿达·洛芙莱斯(图1-8)发挥了不可或缺的作用。作为世界上第一位程序员,她不仅深刻理解巴贝奇分析机的工作原理,还进一步拓展了其应用潜力。洛芙莱斯为分析机编写了一系列详细的算法和程序,其中最著名的便是对伯努利数计算程序的设计。她意识到分析机不仅能够进行简单的数值计算,还能够处理更为复杂的符号和逻辑运算,具有实现通用计算的潜力。她的这一发现不仅极大地拓宽了分析机的应用范围,更为后来计算机编程语言的发展提供了重要的启示。洛芙莱斯在程序设计中提出了循环和条件分支等概念,这些概念在现代编程思想中占据着举足轻重的地位。她的程序能够根据不同的条件判断来决定计算的流程和步骤,使得分析机能够处理各种复杂多变的计算任务。这一创新性的设计不仅提高了计算的灵活性与智能性,更为人工智能在软件编程方面的发展提供了开创性的思路。洛芙莱斯的工作不仅将巴贝奇的机械计算装置提升到了一个新的高度,更为后来计算机技术的发展奠定了坚实的理论基础。

查尔斯·巴贝奇与阿达·洛芙莱斯共同开创了计算机与人工智能领域的新纪元。他们的智慧与远见不仅为后世留下了宝贵的财富,更为人类社会的进步与发展注入了强大的动力。随着计算机与人工智能技术的不断发展,我们期待涌现出更多的像巴贝奇与洛芙莱斯这样的杰出人物,共同推动科技的进步与人类的繁荣。

图1-8　阿达·洛芙莱斯

美国统计学家赫尔曼

· 霍列瑞斯在机械计算领域也有着卓越的贡献。19 世纪末，为了满足美国人口普查的巨大数据处理需求，霍列瑞斯发明了一种基于穿孔卡片的制表机。这种制表机能够自动读取穿孔卡片上的数据，并通过机械计数器进行统计和汇总。在 1890 年的美国人口普查中，霍列瑞斯的制表机大放异彩，大大提高了数据处理的速度和准确性，原本预计需要耗费数年时间的人口普查数据处理工作，在制表机的帮助下仅用了数月便顺利完成。霍列瑞斯的制表机不仅在人口普查领域取得了巨大成功，还在商业和金融等领域得到了广泛应用。它的出现标志着数据处理进入了机械化时代，为后来电子计算机的数据输入和处理方式提供了重要的借鉴。在人工智能的数据处理环节中，大量的数据需要进行高效的采集、存储和分析，霍列瑞斯制表机所体现的机械化数据处理思想为人工智能在数据管理方面提供了有益的启示，使得人工智能系统能够更好地应对海量数据的挑战。

这些机械计算的开拓者们，以他们的智慧和创造力，在机械计算的道路上不断探索和创新。他们的发明成果不仅推动了当时社会的进步和发展，更为重要的是，为现代计算机技术和人工智能的诞生奠定了坚实的基础，使得人类在追求智能机器的道路上迈出了坚实而有力的步伐。

第二章 人工智能的诞生

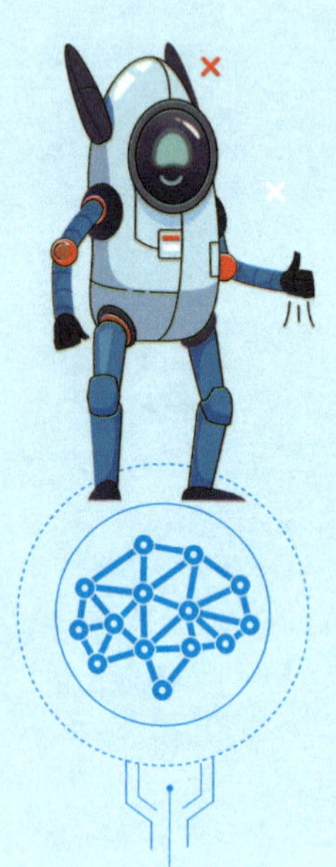

2.1 主要人物及其贡献

在人类科技发展的长河中，总有一些关键人物以其非凡的智慧和卓越的贡献，推动了整个时代的进步。在人工智能领域，这样的关键人物更是数不胜数。他们不仅奠定了人工智能的理论基础，还通过不断的实践和创新，推动了人工智能技术的飞速发展。

一、现代电子计算机之父——冯·诺依曼

冯·诺依曼，这位出生于1903年匈牙利布达佩斯的天才数学家，以其卓越的数学才能和跨学科的广泛兴趣，成为20世纪最伟大的科学家之一。他不仅在数学、物理学、化学等领域取得了显著成就，还在计算机科学和人工智能领域做出了开创性的贡献。

（一）早年教育与学术成就

冯·诺依曼自幼便展现出过人的数学天赋。他6岁便能心算八位数乘法，8岁便懂得微积分，12岁便能领会波莱尔的大作《函数论》。这样的天赋为他日后的学术道路奠定了坚实的基础。

图2-1　冯·诺依曼

18岁时，他考入了布达佩斯大学数学系，并在苏黎世联邦理工学院同时修读化学。他在两所大学先后获得了化学和数学博士学位，展现了他非凡的学术能力和跨学科的广泛兴趣。冯·诺依曼在数学领域的贡献尤为突出。他发表了多篇关于非交换算子环的论文，这些论文堪称20世纪分析学方面的杰作。此外，他在拓扑学、量子力学、核武器设计、流体力学等领域同样做出了重大贡献。他精通多国语言，他的大脑被誉为“精美的存储器”，所读过的重要论文或资料他能够过目不忘，几年之后还能照原样背诵出来。

（二）计算机科学的开创性贡献

冯·诺依曼在计算机科学领域的贡献尤为显著。他是电子离散变量自动计算机的设计者之一，并提出了计算机制造的三个基本原则：采用二进制逻辑、程序存储执行以及计算机由五个部分（运算器、控制器、存储器、输入设备、输出设备）组成。这套理论被称为冯·诺依曼体系结构（图2-2），至今仍被电子计算机设计者所遵循。

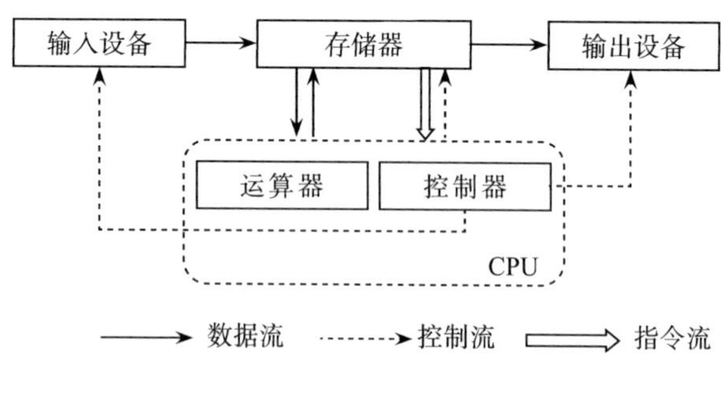

图2-2　冯·诺依曼体系结构

冯·诺依曼对存储程序结构的改进尤为关键。他首次将存储程序当成数学来对待，确立了计算机的五大组成部分和基本工作方法。他建立的数学过程的指令语言方法和“流图”概念,成为现代计算机中存储、速度、基本指令的选取以及路线设计的基础。此外,他的思想理念被应用于制造计算机EDSAC,为电子计算机的发展做出了重要贡献。

冯·诺依曼在计算机科学领域的贡献不仅限于硬件设计。他还是现代数值分析的开创者之一,提出了抽象代数和算术的数值计算,并着重研究非线性微分方程的离散化与稳定性问题。他给出了一种误差分析方法,并由此发展为蒙特卡罗方法,成为计算机科学的基础。

(三)其他的贡献

除了在计算机科学领域的卓越贡献外,冯·诺依曼还在博弈论和经济学领域做出了开创性的贡献。他是博弈论之父,首次对博弈给出了完整的数学描述,并提出了博弈论的基本原理。他的论文《论策略博弈论》证明了“最小最大作用原理”,用于处理最基本的二人对策问题。这一原理在经济学、军事战略等领域具有广泛的应用价值。

冯·诺依曼还与奥斯卡·摩根斯坦合著了《博弈论与经济行为》,这也是博弈论的代表作之一。该书把二人博弈推广到多人博弈,并讨论其在经济领域中的应用,从而奠定了经济博弈学的理论体系。这一成果无论在应用数学还是在经济学领域都具有开创性,使博弈论发展为一门独立的学科。

(四)对人工智能的深远影响

冯·诺依曼的卓越贡献不仅推动了计算机科学的发展,更为人工智能的诞生和发展奠定了坚实基础。他的计算机体系结构理论为人工智能的发展提供了有力的硬件支持。同时,他在数学和博弈论领域的贡献也为人工智能的算法设计和优化提供了理论基础。

冯·诺依曼的学生中不乏人工智能领域的杰出人才。例如,被称为“人工智能之父”的图灵,就曾是他的研究助手。当时图灵提出了万能计算机器——“图灵机”的设想,引起了冯·诺依曼的兴趣。两人的合作和交流无疑为人工智能的发展注入了新的活力。

冯·诺依曼以其卓越的数学才能和跨学科的广泛兴趣,成为了现代电子计算机之父和博弈论之父。他的故事告诉我们,只要有坚定的信念和不懈的努力,就一定能够克服一切困难,实现自己的人生价值。在未来的科技发展中,我们期待更多像冯·诺依曼这样的关键人物出现,为人类社会的进步贡献更多的智慧和力量。

二、人工智能之父——阿兰·图灵

(一)阿兰·图灵的生平与成就

阿兰·麦席森·图灵于1912年出生于英国伦敦,自幼便展现出超乎常人的数学天赋。他在剑桥大学国王学院学习数学,并以优异的成绩毕业。随后,他前往普林斯顿大学深造,与冯·诺依曼等计算机科学先驱并肩工作,这段经历对他的学术生涯产生了深远的影响。

图2-3　阿兰·麦席森·图灵

图灵在数学逻辑、密码学、计算机

科学等多个领域都取得了卓越的成就。他提出的图灵机模型，是计算机科学中最为基础且影响深远的模型之一，它奠定了现代计算机基本原理。此外，图灵还在二战期间为英国情报部门破译了纳粹德国的密码系统，为盟军的胜利做出了不可磨灭的贡献。

（二）图灵测试与人工智能的定义

1950年，图灵发表了一篇题为《计算机器与智能》的论文，在这篇论文中，他首次提出了“图灵测试”的概念。图灵测试是一种用于判断机器是否具有智能的方法，即如果一个人无法区分与他对话的另一方是人还是机器，那么就可以认为这台机器具备了智能（图2-4）。这一思想为人工智能的发展设定了一个明确的目标和评判标准，成为人工智能领域的一个经典。

图2-4　图灵测试

图灵不仅提出了图灵测试，还对人工智能进行了深入的哲学思考。他认为，智能的本质不在于机器是否能够执行特定的任务，而在于它是否能够像人一样思考和理解世界。这一观点推动了人工智能从简单的计算任务向更加复杂、更加人性化的方向发展。

（三）图灵对机器学习与自然语言处理的贡献

虽然图灵并未直接从事机器学习和自然语言处理的研究，但他的思想对这两个领域的发展产生了深远的影响。图灵认为，机器应该能够通过学习来改进自己的性能，这一观点为后来的机器学习研究提供了重要启示。他提出的“模仿游戏”（即图灵测试的前身）也间接促进了自然语言处理领域的发展，因为要让机器通过该项测试，就必须具备理解和生成自然语言的能力。

此外，图灵还提出了一种名为“学习机”的设想，这种机器能够通过接收外部信息并调整内部参数来改进自己的性能。这一设想为后来的神经网络和深度学习技术的发展奠定了基础。

（四）图灵与人工智能伦理的初探

在图灵的时代，人工智能的伦理问题尚未引起人们广泛的关注。然而，图灵却敏锐地察觉到了人工智能的发展可能带来的社会影响。他提出了“机器是否应该拥有权利”的哲学问题，并探讨了人工智能发展可能引发的伦理困境。这些问题在当今的人工智能时代仍然具有重要意义，激发了人们对人工智能伦理和法律的深入思考和探讨。

（五）图灵的成果与人工智能的未来

阿兰·图灵的成果对人工智能的发展产生了深远的影响。在图灵之后，无数科学家和工程师在他的基础上进行了更深入的研究和探索，推动了人工智能技术的不断创新和突破。

展望未来,人工智能将继续在各个领域发挥重要作用。从智能制造到智能交通,从智能医疗到智能教育,人工智能正在深刻改变着人类社会的方方面面。而图灵的思想和理论将继续指引人工智能的发展方向,为人类创造更加美好的未来。

阿兰·图灵以其卓越的数学才能和深刻的科技洞察力,为人工智能的发展开辟了道路。他的思想、理论和方法不仅推动了人工智能技术的进步,更为这一领域的未来发展奠定了坚实的基础。在图灵之后,人工智能技术继续蓬勃发展,成为推动社会进步的重要力量。而图灵的名字,也将永远镌刻在人工智能发展的历史长河中,成为无数科学家和工程师心中永恒的丰碑。

2.2 达特茅斯会议

在人工智能的发展中，达特茅斯会议宛如一颗璀璨的明星，标志着人工智能从此成为一门独立的学科的正式启航。此次会议汇聚了当时众多在相关领域极具影响力的学者与先驱，他们怀揣着对智能机器的无限憧憬与大胆设想，共同探讨这一前沿领域的诸多关键问题，为人工智能的未来发展绘制了宏伟蓝图，其重要性不言而喻，犹如一座里程碑，永远镌刻在人工智能的历史进程之中。

一、会议的背景与筹备历程

20 世纪 50 年代，世界正处于科技飞速发展的浪潮之中，计算机技术的兴起为人工智能的萌芽提供了肥沃的土壤。在这一时期，许多科学家已经在与智能相关的各个领域取得了一定的研究成果，例如数学逻辑的不断完善、神经生理学对大脑结构与功能的深入探索、信息论的创立以及控制论的发展等。这些成果犹如拼图的碎片，逐渐拼凑出一幅人工智能的潜在画卷，使得人们开始意识到构建智能机器或许不再是遥不可及的梦想。

在这样的科技浪潮之下，1956 年的达特茅斯会议无疑成为人工智能发展历程中的一个重要里程碑。这场由约翰·麦卡锡、马文·明斯基、克劳德·香农等青年才俊发起并精心筹备的盛会，不仅汇聚了数学、计算机科学、神经学、心理学等多个领域的顶尖学者，更是一次跨学科的智慧碰撞与合作探索。

会议的筹备工作历时数月，组织者们倾注了大量的心血与热情。他们深知，要打破学科壁垒，促进思想交流，就必须确保会议的议题既广泛又深入，能够触及人工智能领域的核心问题。因此，他们精心拟定了一系列涵盖计算机模拟人类思维、智能机器学习能力、语言理解与逻辑推理等多个方面的议题，旨在为参会者提供一个全面而深入的讨论平台。除了议题的选择，会议的组织者们还十分注重营造学术环境与提供技术支持。他们深知，良好的学术交流环境是激发创新思维、促进合作研究的关键。因此，他们积极协调各方资源，为会议提供了先进的会议设施、充足的讨论空间以及专业的技术支持，确保每位参会者都能充分表达自己的观点，并与同行进行深入而有效的交流。

在会议期间，学者们围绕这些议题展开了激烈的讨论与辩论，他们的思想在碰撞中擦出了智慧的火花。这些讨论不仅加深了人们对人工智能领域的认识，更为未来的人工智能研究指明了方向、制定了框架。可以说，达特茅斯会议不仅是一场学术盛宴，更是一次跨学科的智慧探险，它开启了人工智能研究的新篇章，为后来的人工智能发展奠定了坚实的基础。

二、会议中的核心议题与争论

在会议期间，与会者围绕着多个核心议题展开了激烈而深入的讨论，这些议题犹如火种，点燃了人工智能研究的热情之火，同时也引发了诸多富有启发性的争论，为这一领域的发展注入了强大的思想动力。

其中一个核心议题是关于如何定义智能以及如何让机器实现智能。这一问题涉及对人类智能本质的深刻理解以及如何将这种理解转化为机器可执行的算法和模型。一些学者认为,智能可以被看作是一种基于符号逻辑的推理和运算能力,机器可以通过编写复杂的程序来模拟人类的思维过程,实现对各种问题的解决。例如,通过构建基于规则的专家系统,将人类专家在特定领域的知识和经验转化为计算机程序中的规则和逻辑,使机器能够在该领域内进行智能决策和问题求解。然而,另一些学者则提出了不同的观点,他们强调智能的学习能力和适应能力的重要性,认为机器应该能够像人类一样通过不断学习和经验积累来提升自己的智能水平。这就引出了关于机器学习方法的讨论,包括如何设计有效的学习算法,使机器能够从数据中自动提取特征、发现规律,并根据新的数据进行自我调整和优化。

在语言理解方面,会议也进行了深入的探讨。语言作为人类智能的重要体现,如何让机器理解和处理自然语言成为了一个极具挑战性的议题。一些研究者致力于开发基于语法规则的自然语言处理系统,试图通过分析句子的语法结构来理解其含义。然而,这种方法在面对自然语言的复杂性、歧义性和灵活性时遇到了诸多困难。另一些研究者则提出了基于统计模型的语言理解思路,通过对大量文本数据的统计分析来预测语言的模式和规律。例如,利用词频统计、概率模型等方法来确定词语之间的关系和句子的语义。这两种思路在会议上引发了激烈的争论,双方各抒己见,都在努力探寻更有效的自然语言处理途径,为后来自然语言处理技术的发展奠定了多元的思想基础。

此外,关于智能机器的感知能力也是会议讨论的重点之一。如何让机器像人类一样感知周围的世界,包括视觉、听觉、触觉等多种感知方式,成为了与会者们关注的焦点。在视觉感知方面,学者们讨论了如何让机器识别图像中的物体、场景和人物,涉及图像特征提取、模式识别等技术。例如,通过设计特定的算法来检测图像中的边缘、纹理、颜色等特征,并将这些特征与已知的物体模型进行匹配,从而实现图像识别。在听觉感知领域,则探讨了如何让机器理解语音信号,将语音转化为文字或语义信息,这需要解决语音识别、语音合成等一系列技术难题。这些关于感知能力的讨论,推动了计算机视觉、语音识别等人工智能分支领域的研究与发展。

三、会议确立了对人工智能的命名

达特茅斯会议不仅因其跨学科交流的盛况和前沿议题的探讨而著称,更因其对“人工智能”这一名称的正式确立而具有深远的历史意义。这一命名不仅标志着该领域研究的正式起步,更成为后续科技发展的一个关键转折点。在达特茅斯会议之前,尽管人工智能相关领域的研究已经在悄然进行,如神经网络、机器学习、自动定理证明等,但这些研究往往分散在数学、计算机科学、神经学、心理学等多个学科之中,缺乏一个统一、明确且被广泛接受的名称。这种分散状态不仅限制了研究的深度和广度,也阻碍了不同研究团队之间的交流与合作。因此,为这一新兴领域找到一个恰当的名字,成为当时亟待解决的问题。

达特茅斯会议正是这样一个历史性的契机。在会议期间,与会者们围绕人工智能的核心目标与研究内容展开了深入的讨论和广泛的协商。他们一致认为,这一领域的研究旨在通过人工的手段,如计算机技术、算法设计、模型构建等,来赋予机器类似于人类智能的能力，包括学习、推理、感知、语言理解、决策等多个方面。基于这一共识，与会者们最终确定使用“人工智能”(AI)这一术语来命名这一学科领域。

“人工智能”这一名称的确定，无疑为原本分散在各个学科领域中与智能机器相关的研究工作提供了一个统一的标识。它像一座桥梁，连接了不同学科之间的研究，促进了学术思想的交流与碰撞。同时，这一名称也简洁而准确地概括了这一领域的核心目标与研究内容，使得更多的人能够理解和关注这一新兴领域的发展。

更为重要的是，“人工智能”这一名称的确立，犹如一声号角，吸引了更多的学者和研究资源投入到这一充满挑战与机遇的领域中来。在随后的几十年里，人工智能研究在各个方向上蓬勃发展，不断取得新的突破与进展。从最初的简单规则推理到如今的深度学习、自然语言处理、计算机视觉等前沿技术，人工智能的应用场景日益丰富。

如今，人工智能已经成为当今世界最具影响力和发展潜力的科技领域之一。它不仅在科学研究和技术创新方面发挥着重要作用，更在医疗、教育、金融、交通等多个领域展现出巨大的应用潜力。而这一切的起点，正是达特茅斯会议对“人工智能”这一名称的正式确立。

第三章 人工智能的早期发展热潮

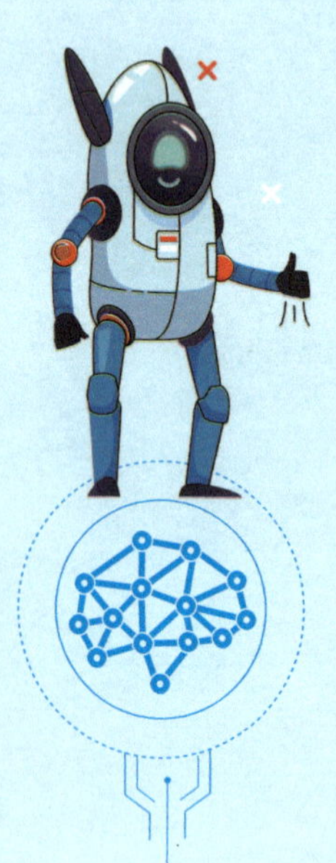

3.1 理论创新

在人工智能的发展历程上，早期的探索者们以无畏的勇气和创新的智慧，在理论的天地里披荆斩棘，为这一新兴领域勾勒出最初的轮廓与框架。这一时期，“逻辑理论家”的横空出世、人工神经元概念的萌芽以及感知机的曲折发展，犹如点点星光，在人工智能的浩瀚星空中闪烁，照亮了后续研究的前行之路。它们所蕴含的思想与方法，成为了人工智能不断演进的重要基石，推动着这一领域向着更深处、更远处迈进。

一、“逻辑理论家”系统的诞生

20世纪50年代，在人工智能的研究浪潮初兴之际，“逻辑理论家”软件系统的诞生犹如一颗璀璨的启明星，划破了智能探索的夜空，给整个领域带来了前所未有的希望与曙光。它由艾伦·纽厄尔、赫伯特·西蒙等人开发，是世界上第一个真正意义上的人工智能程序，其创新性的设计和强大的功能标志着人工智能在理论与实践的结合上迈出了坚实而关键的第一步。

“逻辑理论家”旨在模拟人类的逻辑推理过程，尤其是在数学定理证明方面展现出了惊人的能力。它以怀特海和罗素所著的《数学原理》中的逻辑系统为基础，通过运用一系列精心设计的算法和规则,能够自动地对数学定理进行推导和证明。例如,它成功地证明了《数学原理》中部分章节的定理,这一壮举在当时引起了学术界的极大轰动。这不仅是因为它首次展示了计算机程序在复杂逻辑推理任务上的可行性,更是因为它为人工智能的发展提供了一种全新的思路和方法,即通过模拟人类的思维逻辑,利用计算机的高速运算能力来解决各种复杂的智能问题。

"逻辑理论家"系统的意义深远而广泛。首先,它从实践层面验证了利用计算机实现智能行为的可能性,打破了以往人们对于智能仅属于人类的固有认知局限,让人们真切地看到了机器智能的曙光。这一突破极大地激发了全球范围内科研人员对人工智能的研究热情,吸引了更多的学者和资源投入到这一充满挑战与机遇的领域中来,从而推动了人工智能研究在全球范围内的迅速兴起和发展。其次,"逻辑理论家"系统的开发过程中所采用的符号表示法和逻辑推理算法,为后续人工智能的研究奠定了重要的方法论基础(图 3-1)。这种基于符号逻辑的研究范式在很长一段时间内主导了人工智能的发展方向,众多的研究团队纷纷借鉴和发展这一方法,致力于构建更加复杂、更加智能的符号推理系统,试图让机器能够像人类一样进行深层次的思考和决策。例如,在专家系统的开发中,"逻辑理论家"系统采用的知识表示和推理技术得到了广泛应用,通过将领域专家的知识和经验转化为计算机能够理解和处理的符号规则,专家系统能够在特定领域内为用户提供专业的咨询和决策支持服务,成为人工智能在实际应用中的重要成果之一。

图3-1　数学与人工智能关系示意图

二、人工神经元概念的兴起

随着对人工智能研究的深入，科学家们逐渐意识到，要想让机器真正实现智能，仅仅依靠模拟人类的逻辑推理是远远不够的，还需要深入探索人类大脑的奥秘，从生物神经系统中汲取灵感。于是，人工神经元概念在这样的背景下应运而生，它的兴起犹如一阵春风，为人工智能的发展注入了新的活力与生机，开启了一条全新的研究路径。

人工神经元概念最初来源于对生物神经元的简化与抽象（图3-2(a)）。生物神经元是构成人类大脑神经系统的基本单元，它通过接收来自其他神经元的电信号输入，经过一系列复杂的生物化学过程处理后，产生输出信号并传递给其他神经元，从而实现信息在大脑中的传递和处理。科学家们受到生物神经元这一工作机制的启发，提出了人工神经元模型。人工神经元（图3-2(b)）通常具有多个输入和一个输出，每个输入都对应一个权重值，输入信号与权重值相乘后进行求和操作，再经过一个激活函数的处理，最终得到输出信号。例如，常见的感知机模型就是一种简单的人工神经元模型，它通过调整权重值来实现对输入数据的分类。

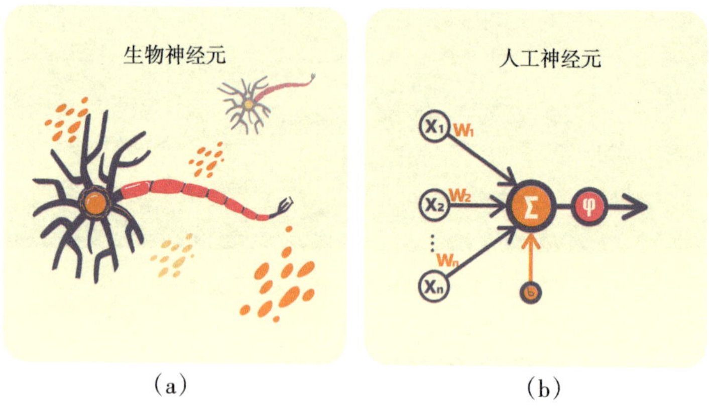

(a)　　(b)

图3-2　生物神经元和人工神经元示意图

人工神经元概念的兴起对人工智能的发展产生了极为深远的影响。它为机器学习奠定了坚实的基础，尤其是在神经网络的发展过程中起到了核心作用。神经网络由大量的人工神经元相互连接而成，通过模拟人类大脑的神经网络结构，能够对复杂的数据模式进行学习和识别。例如，在图像识别领域，神经网络可以通过对大量图像数据的学习，自动提取图像中的特征信息，如边缘、纹理、形状等，并根据这些特征对图像进行分类和识别。与传统的基于规则的方法相比，神经网络具有更强的自学习能力和适应性，能够在面对新的数据和未知的情况时自动调整自身的参数和结构，从而提高系统的性能和准确性。此外，人工神经元概念的提出还促进了人工智能与神经科学、认知科学等多学科领域的交叉融合，使得科学家们能够从不同的角度深入研究智能的本质，为人工智能的发展提供了更为广阔的视野和丰富的理论支持。

三、感知机的发展与局限

在人工神经元概念的基础上，感知机作为一种早期的神经网络模型(图 3-3)得到了广泛的研究与发展。它由美国学者弗兰克·罗森布拉特在20世纪50年代末提出，是人工智能发展史上的一个重要里程碑，为神经网络的后续研究和应用奠定了重要基础，但同时也暴露出了一些局限性，这些局限性在一定程度上影响了神经网络在当时的进一步发展。

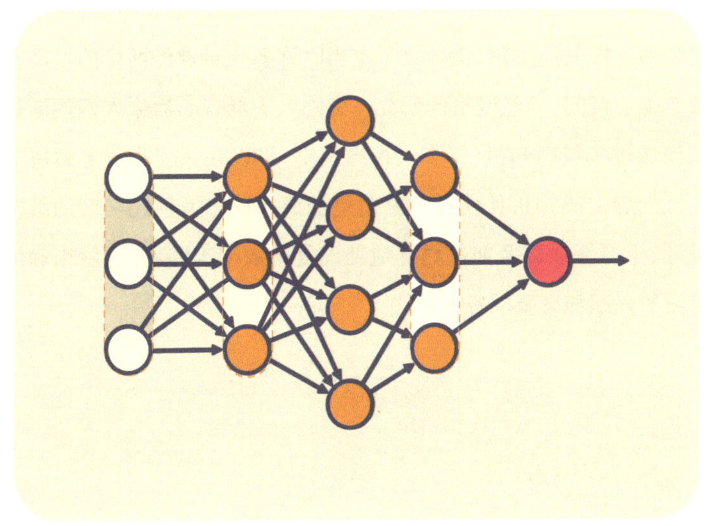

图3-3　神经网络示意图

感知机的结构相对简单，它主要由输入层、输出层和一个连接输入与输出的神经元组成。其工作原理基于线性分类，通过调整神经元的权重值，使得感知机能够对输入数据进行分类，并将其划分到不同的类别中。例如，在一个简单的二分类问题中，感知机可以根据输入数据的特征，如物体的大小、颜色、形状等，判断该物体属于哪一类。感知机在当时的一些简单任务上取得了一定的成功，如手写数字识别的初步尝试等，它展示了神经网络在模式识别方面的潜力，为后续更为复杂的神经网络模型的开发提供了有益的借鉴和经验。

然而，感知机也存在明显的局限性。其最大的问题在于它只能处理线性可分的数据，对于那些复杂的非线性问题，感知机往往无能为力。例如，在处理异或逻辑问题时，感知机无法找到一个合适的线性分类边界来将不同类别的数据准确分开。这一局限性使得感知机在面对现实世界中大量存在的复杂非线性数据时，其应用范围受到了极大的限制，也导致了在当时许多人对神经网络的发展前景产生了疑问，神经网络的研究一度陷入了低谷。后来人们逐渐认识到通过多层感知机（即多层神经网络）可以在一定程度上解决非线性问题。感知机促使科学家们更加深入地思考神经网络的结构设计、学习算法以及如何更好地处理复杂数据等问题，为后来深度学习的兴起和突破准备了条件。

3.2 应用尝试

在人工智能理论初步发展之后，先驱者们怀着满腔热情，迅速将目光投向了实际应用的广袤天地，开启了早期应用的勇敢尝试之旅。这一时期，ELIZA程序在人机对话领域的初步探索、专家系统的开创性构建以及智能游戏中的早期摸索，犹如点点繁星，在人工智能应用的夜空中闪烁，虽然光芒尚显微弱，但却为后续更为璀璨的发展照亮了前行的方向，它们是人工智能从理论迈向实践的关键一步，让人们开始真切地感受到智能机器在现实生活中的潜在魅力与无限可能。

一、简单人机对话

20世纪60年代，随着计算机科学的飞速发展，人工智能领域迎来了一个激动人心的时刻——ELIZA程序的诞生。这一由约瑟夫·魏泽鲍姆精心打造的对话系统，如同夜空中最亮的星，不仅照亮了人工智能应用的早期探索之路，更以其独特的魅力，激发了人们对未来人机交互可能性的无限遐想。ELIZA程序不仅代表了技术的一次飞跃，更是人类智慧与创造力的一次辉煌展现。

ELIZA程序的核心设计理念源自卡尔·罗杰斯的客户中心心理治疗法，这一创新点赋予了ELIZA程序超越传统计算程序框架的灵魂。它不再仅仅是一系列指令的集合，而是能够基于用户输入进行动态响应的“对话伙伴”（图3-4）。ELIZA程序通过复杂的模式匹配算法，在用户的话语中寻找关键信息，然后依据预设的回复模板进行个性化调整，以此创造出一种仿佛能够理解并回应人类情感的错觉。例如，当用户表露内心的困扰时，ELIZA程序能够以一种关切而非机械的方式回应，这种体验在当时是前所未有的，极大地增强了用户对计算机的亲近感和信任感。

图3-4　人机对话示意图

尽管ELIZA程序的对话能力在今天看来还很初级，甚至有些笨拙，但它所引发的社会反响却是空前的。ELIZA程序的出现，让人们开始意识到，计算机不仅仅是一台冰冷的机器，它有可能成为人类情感交流的伙伴。这种观念上的转变，为后续人工智能技术的发展奠定了重要的心理基础，激发了科研人员对更加智能、更加人性化的对话系统的研发热情。ELIZA程序的成功，不仅仅在于其技术上的创新,更在于它作为一次社会实验的深远影响。它揭示了人机交互的无限潜力,同时也提出了诸多值得深思的问题:计算机能否真正理解人类的情感?人工智能的"智能"与人类的"智能"之间存在怎样的界限?这些问题至今仍然是人工智能领域研究的热点,ELIZA程序的出现无疑为研究这些问题提供了宝贵的起点。

随着技术的不断进步,ELIZA程序的遗产被不断地继承和发展。今天的智能语音助手、聊天机器人等,都可以看作是ELIZA程序的延续。这些系统不仅具备更加复杂的对话逻辑和更强大的自然语言处理能力,还能够通过学习不断优化自身的对话策略,提供更加个性化、更加贴近人类需求的服务。ELIZA程序的初步尝试,为这些先进对话系统的出现奠定了理论基础,并为其指明了发展方向。

二、专家系统

在人工智能发展的早期阶段,专家系统的构建无疑是另一个具有里程碑意义的探索方向。这一创新不仅将人类专家的智慧和经验融入计算机程序,实现了知识的机器化应用,更为后续人工智能技术的发展奠定了坚实的基础。

专家系统,顾名思义,就是将特定领域内的专家知识和经验进行系统化整理,并通过计算机程序进行模拟和再现,使得计算机能够在该领域内模拟专家的思维过程,为用户提供专业的咨询和决策支持。这一理念的出现,标志着人工智能从简单的数据处理和模式识别向更高层次的智能应用迈进了一大步。

早期的专家系统,如DENDRAL和MYCIN,无疑是这一领域的先驱。DENDRAL系统专注于化学分析领域,它通过对大量化学知识和实验数据的整合，能够根据化合物的质谱图等信息，智能地推断出其分子结构。这一能力在药物研发过程中尤为重要，它可以帮助化学家快速确定未知化合物的结构，从而大大加速新药研发的进程。这一突破性的应用，不仅提高了化学研究的效率，更为药物研发领域带来了新的可能。而MYCIN系统，则专注于医疗诊断领域。它能够根据患者的症状、病史以及实验室检查结果等信息，运用医学专家的知识和推理规则，对疾病进行智能诊断，并提供治疗建议。例如，当患者出现发热、咳嗽、乏力等症状时，MYCIN系统可以综合分析这些信息，快速判断可能的疾病类型，并推荐相应的治疗方案，如使用何种抗生素、用药剂量和疗程等。这一功能在医疗资源紧张或专家资源不足的情况下尤为重要，它能够帮助医生快速做出决策，提高治疗的准确性和效率。

专家系统的初步成功，不仅实现了人类专家知识的机器化应用，更推动了知识工程的兴起。知识工程是一门研究如何从人类知识中提取、表示、存储、推理和维护知识的学科。在专家系统的开发过程中，科研人员需要深入研究特定领域的知识体系，并将其转化为计算机可理解和应用的形式。这一过程不仅促进了知识的传承和共享，更为后续的人工智能技术发展提供了重要的支持。此外，专家系统的构建还推动了自然语言处理（图3-5）、机器学习等一系列技术的发展。在专家系统中，计算机需要理解并处理用户的自然语言输入，这推动了自然语言处理技术的不断进步。同时，专家系统还需要根据用户输入的信息进行智能推理和决策，这促进了机器学习算法的优化和创新。这些技术的发展，不仅为专家系统的完善提供了支持，更为之后人工智能技术发展提供了重要的借鉴和启示。

图3-5　自然语言处理技术示意图

总的来说,专家系统的初步构建是人工智能发展史上的一个重要里程碑。随着技术的不断进步和应用领域的不断拓展,我们有理由相信,专家系统将在未来的人工智能发展中继续发挥重要作用,为人类社会的进步和发展贡献更多的智慧和力量。

三、智能游戏

除了人机对话和专家系统之外,智能游戏也是人工智能早期应用的热门领域,它不仅丰富了人工智能的研究维度,还为后续的技术发展铺设了坚实的基石。在这个充满挑战与机遇的时期,研究人员将目光投向了游戏这一看似简单却蕴含无限可能的领域,旨在通过开发具备智能行为的程序,验证人工智能算法和技术的有效性,并深入探索智能决策、策略规划等核心问题。

在众多智能游戏中，塞缪尔开发的西洋跳棋（图 3-6）程序无疑是最具里程碑意义的成就之一。该程序通过深度学习和大量实践，实现了对跳棋策略的持续优化。其背后的核心机制是搜索和评估函数等方法，在棋局的广阔搜索空间中，通过智能算法寻找最优的下棋步骤。具体来说，程序会综合考虑棋子的位置、数量、相互之间的制约关系以及整体棋局的局势等因素，利用评估函数为不同的走棋方案打分，最终选择得分最高的步骤执行。这一过程不仅体现了人工智能在决策制定上的智慧，也展示了其在处理复杂信息、进行高效搜索方面的能力。

图3-6 西洋跳棋

经过长时间的学习与训练，塞缪尔的西洋跳棋程序逐渐成长为一个能与人类棋手相抗衡的对手，甚至在某些比赛中战胜了普通的人类棋手。这一成就不仅证明了人工智能在棋类游戏领域的潜力，更重要的是，它为人工智能在其他更复杂、更贴近现实生活领域的应用提供了信心和启示。通过西洋跳棋程序的实践，研究人员意识到，借助合理的算法设计和大量的数据训练，人工智能可以在模拟环境中展现出惊人的智能水平，这为未来的探索和应用奠定了坚实的基础。

智能游戏的早期探索在人工智能的发展历程中扮演了至关重要的角色。首先，游戏环境为人工智能算法提供了一个理想的测试平台。相比现实世界的复杂性和不确定性，游戏环境相对简单且可控，使得研究人员能够更容易地观察和评估算法的性能和效果。这种可控性不仅有助于研究人员快速迭代算法，优化其设计和实现，还为算法在更广泛场景下的应用提供了宝贵的经验和指导。其次，智能游戏的研究推动了人工智能在多个关键技术领域的进步。以西洋跳棋程序为例，其所采用的搜索算法和学习策略不仅为后来其他棋类游戏程序（如国际象棋、围棋等）的开发提供了借鉴，也为智能决策系统、机器学习等领域的发展注入了新的活力。这些技术和算法的创新，不仅提升了人工智能在特定任务上的性能，更为其在智能控制、机器人导航、自动驾驶等更广泛领域的应用提供了可能。此外，智能游戏的研究还促进了跨学科合作与交流。在探索智能游戏的过程中，研究人员需要与游戏设计师、心理学家、计算机科学家等多个领域的专家紧密合作，共同解决游戏中的智能行为设计、用户体验优化等问题。这种跨学科的协作不仅加速了人工智能技术的创新步伐，也为培养复合型人才、推动学科交叉融合提供了重要契机。

智能游戏作为人工智能早期应用探索的热门领域，不仅见证了人工智能技术的快速发展和广泛应用,更为未来的技术探索和创新提供了宝贵的经验和启示。随着技术的不断进步和应用的日益广泛,智能游戏将继续在人工智能的发展历程中发挥重要作用。

人工智能简史

第四章 人工智能的寒冬

4.1 莱特希尔报告的冲击

在人工智能发展的历史长河中,有一段时期,它仿佛置身于茫茫黑夜之中,迷失了前行的方向,遭遇了前所未有的寒冬。这一困境的根源之一,便是那份如同风暴般席卷而来、对人工智能研究领域产生巨大冲击的莱特希尔报告。这份报告不仅引发了学术界对研究方向的深刻反思,更在科研资金的投入和研究人员的热情上投下了浓重的阴影,使得人工智能的发展之路在之后的一段岁月里充满了坎坷与挑战。

一、报告的主要观点与结论

莱特希尔报告,全称为《人工智能:一份全面报告》,是由英国政府委托经济学家詹姆斯·莱特希尔领导的一个专家小组在1973年完成的。该报告旨在评估英国在人工智能领域的研究现状,并预测其对经济和社会产生的影响。

该报告的主要观点包括以下几个方面。

(一)研究目标的模糊性

莱特希尔报告指出,当时的人工智能研究缺乏明确的目标和评价标准。许多研究项目都是基于模糊的概念和假设进行的,缺乏实证基础和实际应用的支撑。这导致了研究资源的浪费和研究成果的不可预测性。

(二)技术实现的难度

该报告认为,人工智能研究在技术上遇到了巨大的挑战。当时的计算机技术和算法还不足以支持复杂的人工智能系统的实现。许多研究项目都因为技术瓶颈而难以取得突破性进展。

(三)经济和社会效益的不确定性

该报告还评估了人工智能对经济和社会可能产生的影响。然而,由于研究目标的模糊性和技术实现的难度,该报告认为人工智能在短期内难以产生显著的经济效益和社会效益。这导致了政府和企业对人工智能研究的投资意愿降低。

(四)研究资源的重新分配

基于以上观点,该报告建议政府重新分配研究资源,将有限的资金投入到更具前景和潜力的研究领域。这意味着人工智能研究领域的资金将被削减,许多研究项目将被迫终止或缩减规模。

这些观点和结论对人工智能研究领域产生了巨大的冲击。许多研究人员感到沮丧和失望,他们的研究成果和努力被质疑和否定。同时,政府和企业的投资意愿也大幅下降,人工智能研究领域的资金短缺问题日益严重。

二、报告产生的影响

莱特希尔报告如同一记重锤,敲响了人工智能研究领域寒冬的序曲。这份报告的建议直接导致了政府和企业对人工智能研究投资的急剧减少。曾经蓬勃发展的研究项目,因资金链断裂而纷纷陷入困境,有的被迫终止,有的则不得不缩减规模,勉强维持。资金短缺如同一道无形的枷锁,束缚了人工智能研究领域的创新与发展,许多潜力巨大的研究方向和项目因此无法得到充分的支持,只能在萌芽阶段就夭折。

与此同时,研究资金的削减也引发了人工智能研究领域的人才流失问题。失去资金支持的研究人员,面临着失业的危机,他们不得不放弃热爱的事业,转向其他领域寻求生计。这一波人才流失,不仅让人工智能研究领域失去了宝贵的智力资源,更让整个领域的发展陷入了停滞。许多优秀的研究团队被迫解散,他们的研究成果和经验无法得到传承和发扬,这对于人工智能的发展无疑是一次重大打击。

然而,在困境中。莱特希尔报告也让研究人员开始重新审视自己的研究方向和目标。他们意识到,只有更加贴近实际应用和市场需求的研究,才能获得更多的支持和认可。于是,许多研究项目开始转向专家系统、机器学习等更加实用和可行的方向。这些研究方向不仅获得了更多的资金支持,也在实际应用中取得了许多优秀的成果,为人工智能的后续发展奠定了坚实的基础。

此外,莱特希尔报告的发布也改变了社会对人工智能的认知和态度。曾经被视为未来科技希望的人工智能,一时间成为人们质疑和批判的对象。许多人开始怀疑人工智能的可行性和价值,对人工智能的发展产生了悲观和失望的情绪。这种情绪在一定程度上影响了人工智能的普及和应用,使得人工智能在一段时间内难以得到广泛的认可和支持。然而,也正是这些质疑和批判,激发了人工智能研究者更加深入的探索,为人工智能的未来发展提供了更多的可能性和机遇。

4.2 寒冬中的坚守与反思

当人工智能被莱特希尔报告的阴霾所笼罩，陷入漫长寒冬之际，并非所有人都选择了放弃。部分学者依然坚守在这片萧瑟的领域，他们在困境中默默耕耘，持续探索着可能的研究方向，同时也开始对人工智能的定义与发展路径进行深刻的反思。这些坚守者的努力与思考，如同寒夜中的篝火，虽然微弱，却为人工智能的未来保留了希望的火种，也为后来的复兴埋下了伏笔。

一、部分学者的研究

在人工智能的寒冬里，仍有一批执着的学者在不同的方向上坚守着阵地，他们的研究犹如点点星光，在黑暗中闪烁，为后来人工智能的复苏奠定了基础。

在神经网络领域，约翰·霍普菲尔德无疑是这一时期的杰出代表。面对莱特希尔报告对人工智能发展的悲观评估，霍普菲尔德并没有失去信心，而是更加深入地研究了神经网络的基本原理和特性。他提出了一种全新的神经网络模型——霍普菲尔德网络，这一模型具有独特的结构和特性，为神经网络的发展注入了新的活力。霍普菲尔德网络的核心在于引入了能量函数的概念。这种模型构建了一种类似于物理系统能量状态的数学模型，通过神经元之间的相互连接和反馈回路,描述了神经网络的状态变化。这种结构使得霍普菲尔德网络具有记忆功能,能够存储和检索信息。例如,在图像识别任务中,霍普菲尔德网络通过学习一系列图像样本,将图像的特征信息存储在网络的能量状态中。当输入一幅新的图像时,网络能够根据其能量状态的变化来判断该图像与已学习图像的相似程度,从而实现图像的识别和分类。霍普菲尔德网络的研究不仅解决了传统神经网络在信息存储和检索方面的一些问题,还为后来深度学习中循环神经网络等模型的发展提供了重要的思想源泉。这一模型的提出,为神经网络的研究开辟了新的方向,也激发了更多学者对神经网络的探索。

在机器人学领域,罗德尼·布鲁克斯提出了一种全新的研究理念,颠覆了传统机器人研究中过于追求高级智能和复杂规划的思路。面对莱特希尔报告对人工智能未来发展的悲观预测,布鲁克斯并没有陷入迷茫和困惑,而是开始重新审视机器人研究的本质和目标。布鲁克斯认为,机器人不需要像人类一样具备全面的智能才能在环境中有效行动。相反,机器人可以通过简单的感知、动作模块的组合来实现智能行为。他提出了一种基于行为的机器人控制方法,这种方法强调机器人的具身智能,即机器人通过与环境的交互来学习和适应。布鲁克斯开发的一些机器人,如六足步行机器人,通过多个简单的行为模块,如避障、行走、探索等,相互协作来完成复杂的任务。这些机器人没有复杂的中央控制系统,而是每个模块都能根据自身感知的信息直接控制机器人的部分动作,通过分布式的控制方式实现了在复杂环境中的自适应移动。布鲁克斯的研究为机器人学开辟了一条新的道路,让人们认识到机器人的智能可以从简单的行为交互中逐步实现,而不必依赖于高度复杂的人工智能算法。这一理念的提出,对后来机器人技术的实际应用产生了深远的影响。它促使人们开始关注机器人的实际应用需求和场景,而不是过分追求技术的复杂性和智能程度。

在机器学习领域,一些学者开始关注数据挖掘和统计学习方法的研究。他们意识到,在人工智能发展面临困境时,从大量的数据中发现规律和知识可能是一条可行的途径。面对莱特希尔报告对人工智能未来发展的悲观预测,这些学者并没有放弃对机器学习潜力的探索,而是更加深入地研究了数据挖掘(图 4-1)和统计学习方法的基本原理和应用场景。例如,通过对商业数据库中的销售数据进行挖掘,可以发现顾客的购买行为模式、商品之间的关联关系等信息。这些信息对于企业制定市场营销策略具有重要的价值。在统计学习方面,研究人员致力于开发各种基于概率模型的学习算法,如贝叶斯网络等。这些算法能够处理数据中的不确定性和噪声,通过对数据的概率分布进行建模和分析,实现对未知数据的预测和分类。数据挖掘和统计学习方法的研究为机器学习在大数据时代的蓬勃发展奠定了基础。随着信息技术的飞速发展和数据量的爆炸式增长,这些方法逐渐成为机器学习领域的主流技术之一。它们为人工智能与实际应用的结合提供了新的思路和工具,也推动了人工智能技术在各个领域的应用和发展。

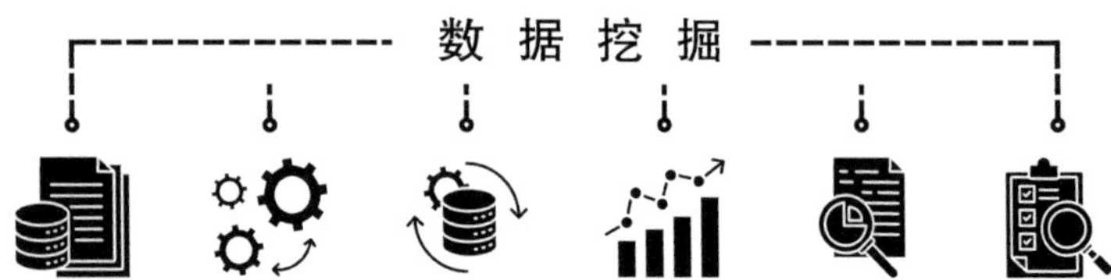

图 4-1　数据挖掘流程示意图

在人工智能的寒冬里，这些学者的坚守与探索不仅为人工智能的复苏奠定了基础，也为我们提供了深刻的反思和启示。首先，面对困境和挑战时，坚定的信念和持续的努力是取得成功的关键。其次，创新是推动人工智能发展的关键动力。这些学者在研究中不断尝试新的思路和方法，为人工智能的发展注入了新的活力。他们的研究不仅推动了相关领域的发展，也为后来的学者提供了宝贵的经验和启示。最后，人工智能的发展需要与实际应用相结合。这些学者在研究中关注实际应用，通过解决实际问题来推动人工智能技术的发展和应用。这种实践导向的研究思路为人工智能的未来发展指明了方向。莱特希尔报告的发布虽然给人工智能领域带来了沉重的打击和深远的影响，但也促使了一些有识之士开始深刻反思人工智能的发展路径和研究方法。这些坚守者在困境中默默耕耘、持续探索，为人工智能的未来保留了希望的火种，也为后来的复兴之路打下基础。他们的努力和坚持将永远铭刻在人工智能发展的历史长河中。

二、对人工智能的定义与发展路径的重新审视

在人工智能领域经历漫长寒冬的艰难时期，学者们不仅在具体的研究方向上持续探索，更展开了对人工智能定义与发展路径的深刻反思。这场反思如同一次灵魂深处的觉醒，不仅揭示了之前对人工智能理解的局限性，更为人工智能的未来发展指明了新的方向。

在困境中，学者们开始意识到，之前对人工智能的定义过于宽泛和理想化，这可能是导致其发展困难的重要原因之一。过去，人们往往将智能等同于模拟人类的所有思维和行为能力，试图创造出

一个能够全面替代人类的智能体。然而，这种定义不仅难以实现，而且在实践中也容易导致研究方向的迷失和资源的浪费。为了走出困境，学者们开始重新审视人工智能的定义，将焦点从全面模拟人类智能转向特定领域和任务中的智能表现。他们认识到，人工智能的目标不应是追求全面智能，而应是解决特定问题、完成特定任务。例如，在医疗领域，人工智能可以辅助医生进行疾病诊断、制定治疗方案等具体任务，而无须像人类医生一样具有全面的医学知识和丰富的临床经验。这种对人工智能定义的重新聚焦，使得研究目标更加明确和可操作，有利于在特定领域内深入挖掘人工智能的应用潜力。

同时，学者们也开始关注智能的多样性和层次性。他们意识到，智能不仅仅局限于逻辑推理和计算能力，还包括感知、学习、适应、创造等多种能力。因此，在定义人工智能时，应充分考虑这些多样化的智能表现，并根据具体的应用场景和需求来选择合适的智能类型和层次。在重新审视人工智能定义的同时，学者们也对传统的基于符号逻辑的人工智能路径进行了深刻反思。他们发现，单纯依靠符号逻辑来构建智能系统在面对现实世界的复杂性和不确定性时存在很大的局限。符号逻辑虽然能够处理一些结构化的知识和问题，但在处理非结构化、模糊和动态的信息时却显得力不从心。为了克服这一局限，学者们开始探索融合多种技术方法的新思路。他们认识到，人工智能的发展需要综合运用多种技术手段，包括神经网络、机器学习、深度学习、强化学习等，以形成更加全面和强大的智能系统。这些技术手段各有优劣，应根据具体的应用场景和需求来选择合适的组合方式。

除了技术手段的融合外，学者们还开始注重将人工智能与其他学科进行交叉融合。他们认识到，人工智能的发展需要借鉴和融合其他学科的知识和方法，如认知科学、心理学、生物学、经济学等。这些学科为人工智能提供了丰富的理论支撑和实践经验，有助于推动人工智能的深入发展和广泛应用。例如，将人工智能与认知科学相结合，通过研究人类认知过程来改进人工智能算法。这种结合不仅有助于提高人工智能的学习和决策效率，还有助于实现更加人性化的智能交互和体验。同时，也加强了人工智能与计算机科学其他分支领域的合作，如在计算机视觉处理中引入人工智能的图像理解和分析技术，在自然语言处理中结合计算机语言学的研究成果，等等。

在反思人工智能发展路径的过程中，学者们还更加重视人工智能系统的可解释性和可靠性。他们认识到，之前的一些人工智能模型，如深度神经网络，其内部的决策过程往往像一个“黑箱”，难以理解和解释。这在一些关键应用领域，如医疗、金融等，是难以被接受的。为了解决这个问题，研究人员开始探索如何打开这个“黑箱”，开发出具有可解释性的人工智能算法。他们致力于使系统的决策过程和结果能够被人类理解和信任，从而提高人工智能系统的可信度。这不仅有助于推动人工智能在更多领域的应用和发展，还有助于提高人工智能系统的安全性和可靠性。

同时，学者们也加强了对人工智能系统可靠性的测试和评估方法的研究。他们认识到，人工智能系统的可靠性是其在实际应用中能否稳定、准确运行的关键。因此，他们致力于开发出更加全面和有效的测试和评估方法，以确保人工智能系统在各种复杂环境和条件下都能够有出色表现。这不仅有助于提高人工智能系统的整体性能,还有助于降低因系统故障或错误决策而带来的风险和损失。

通过在寒冬中的坚守与反思,部分学者在艰难的环境中为人工智能的发展开辟了新的方向。他们的努力不仅为人工智能的复兴积蓄了力量,更使得人工智能能够在经历寒冬之后以更加稳健和成熟的姿态重新崛起。如今,人工智能已经广泛应用于各个领域和行业,为人类社会的发展和进步做出了巨大贡献。这场寒冬中的反思与探索无疑为人工智能的发展奠定了坚实的基础,也为我们提供了宝贵的经验和启示。

第五章 人工智能的复兴之路

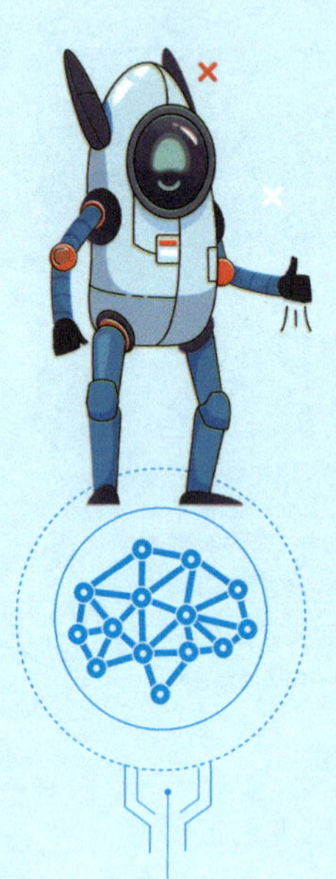

5.1 新技术的崛起

在经历了寒冬的蛰伏与磨砺后，人工智能犹如浴火重生的凤凰，迎来了复兴的曙光。而这一复兴浪潮的出现，离不开一系列新技术的蓬勃兴起与强力推动。神经网络的再度焕发生机、深度学习概念的演进以及大数据与计算力的有力支撑，如同三驾强劲的马车，拉着人工智能从困境中挣脱出来，疾驰在创新发展的大道上，开启了一个全新的智能时代。

一、神经网络

神经网络(图5-1)，这一在人工智能早期发展中曾短暂闪耀却又迅速陷入沉寂的技术，在新的时代背景下，以其独特的魅力和无限的潜力，再次成为了科技界关注的焦点。20世纪80年代，随着计算机技术的飞速进步

图5-1　神经网络识别图片示意图

和人们对人工智能认知的不断深化,神经网络研究逐渐从边缘走向中心,迎来了一场前所未有的复兴。

在这场复兴的浪潮中,反向传播算法的出现无疑是一个里程碑式的突破。这一算法由鲁梅尔哈特、顿辛和威廉姆斯等人在1986年提出,它解决了神经网络训练过程中的一大难题——如何高效地调整网络中的权重。该算法通过计算输出层的误差,并将这一误差反向传播至网络的每一层,逐层调整神经元之间的连接权重,使得整个网络逐步优化其参数,以更好地拟合输入数据与目标输出之间的关系。这一创新性的方法不仅极大地提高了神经网络的训练效率,还为其在复杂任务中的应用奠定了坚实的基础。

随着反向传播算法的广泛应用,神经网络的层数和节点数量得以不断增加,其表达能力和学习能力也随之得到了显著提升。多层感知机(MLP)作为一种典型的神经网络结构,在这一时期得到了深入研究和广泛应用。它由多个隐藏层和输出层组成,通过层层递进的方式对数据进行处理和特征提取。与早期的单层感知机相比,多层感知机能够处理更为复杂的非线性问题,在图像识别、语音识别、数据分类等领域展现出了卓越的性能。以图像识别为例,神经网络通过大量的图像样本进行训练,利用反向传播算法不断修正权重,逐渐学会了如何从原始像素信息中提取出对区分不同图像类别至关重要的特征。这一过程不仅提高了图像识别的准确性,还展示了神经网络在处理复杂视觉任务方面的巨大潜力。同样地,在语音识别领域,多层感知机通过对语音信号进行深层次的特征分析,识别出不同的语音模式和语义信息,实现了语音到文本的准确转换,为自然语言处理技术的发展注入了新的活力。

神经网络的复兴不仅体现在其内部机制的不断优化和性能的

提升上，更在于其在不同领域的创新应用上。在生物医学工程领域，神经网络被广泛应用于疾病的早期诊断和预测。通过分析患者的生理指标数据，如心电图、脑电图等，神经网络能够发现潜在的疾病风险，为医生提供及时准确的诊断信息，从而为患者争取到宝贵的治疗时间。这一应用不仅提高了医疗服务的效率和质量，还为疾病的预防和治疗提供了新的思路和方法。在金融领域，神经网络同样展现出了强大的预测和分析能力。通过对股票市场的历史数据进行分析，神经网络能够挖掘出其中的规律和趋势，为投资者提供科学的投资决策依据。同时，神经网络还能够对信用风险进行评估，帮助金融机构降低贷款违约风险，提高资产管理的安全性和效益。在工业自动化控制方面，神经网络的应用更是推动了生产效率的显著提升。通过学习生产过程中的历史数据和操作经验，神经网络能够实现对复杂生产过程的智能监控和优化。它能够根据实时数据调整生产参数，提高生产线的稳定性和灵活性，从而在保证产品质量的同时降低生产成本。此外，神经网络还能够在故障诊断和预测维护方面发挥重要作用，减少因设备故障导致的生产中断和损失。

除了神经网络的复兴和发展外，大数据和计算力的空前提升也是推动人工智能复兴的重要因素。随着信息技术的快速发展和互联网的普及，数据量呈爆炸式增长。这些海量数据为神经网络的训练提供了丰富的资源，使得神经网络能够学习到更加复杂和精细的特征表示。同时，计算力的不断提升也为神经网络的训练和应用提供了有力的支持。高性能计算集群、云计算平台等先进技术的出现，使得神经网络的训练时间大大缩短，为其在更多领域的应用创造了条件。

神经网络的复兴与发展、深度学习概念的深度演进以及大数据与计算力的有力支撑共同构成了推动人工智能复兴的“三驾马车”。它们相互依存、相互促进，共同开启了一个全新的智能时代篇章。在这个时代里，人工智能将以其独特的魅力和无限的潜力继续引领科技发展潮流，为人类社会的进步和繁荣贡献更多的智慧和力量。

二、深度学习

随着神经网络的复兴与发展，深度学习作为人工智能领域的一个重要分支，逐渐崭露头角，并在随后的时间里得到了不断深化与拓展，成为推动人工智能复兴浪潮中的核心驱动力之一。深度学习（图 5-2）旨在通过构建具有多层结构的神经网络模型，实现对大规模数据的深度自动学习，挖掘数据中深层次的特征和模式，从而实现对复杂任务的高效处理和智能决策。这一领域的发展不仅丰富了人工智能的理论体系，更为实际应用带来了革命性的变化。

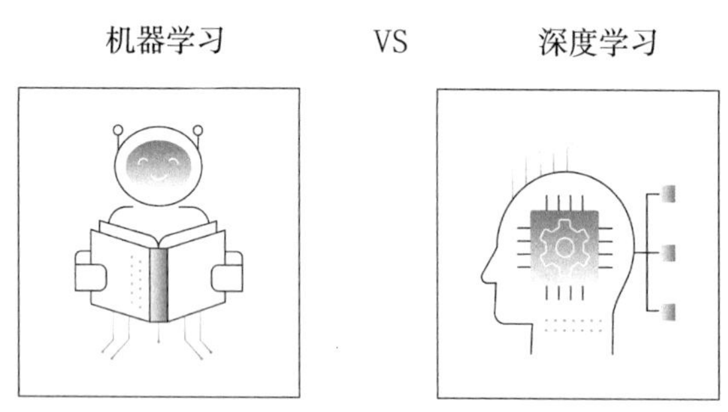

图5-2　机器学习与深度学习示意图

深度学习的一个重要特点是其强大的特征学习能力。传统的机器学习方法在处理复杂任务时，往往需要人工设计和提取数据的特征，这一过程不仅耗时费力，而且对专业知识和经验要求较高。

然而,深度学习模型则能够自动从原始数据中学习到具有代表性的特征表示,这一能力极大地简化了机器学习任务的处理流程,提高了效率和准确性。

在图像识别领域,深度学习模型,特别是卷积神经网络(CNN),展现出了非凡的性能。CNN通过卷积层、池化层和全连接层的组合,能够有效地提取图像的局部特征和全局特征。卷积层中的卷积核(也称为滤波器)能够捕捉图像中的边缘、纹理等低级特征,而池化层则通过对卷积层输出的特征图进行采样,减少数据的维度和计算量,同时保留重要的特征信息。全连接层则负责将提取的特征映射到最终的分类结果上。这种层次化的特征提取方式使得CNN在图像分类、目标检测、图像分割等任务中取得了令人瞩目的成果。例如,在自动驾驶汽车中,CNN被广泛应用于识别道路标志、行人、车辆等物体。通过训练大量的图像数据,CNN能够学习到这些物体的形状、颜色、纹理等特征,并在实时行驶过程中准确地识别出这些物体,为自动驾驶系统提供准确的环境感知信息。这一技术的应用极大地提高了自动驾驶系统的安全性和可靠性。除了图像数据外,深度学习在处理序列数据方面也展现出了强大的能力。循环神经网络(RNN)是一种专门用于处理序列数据的神经网络模型。它具有循环结构,能够对序列数据中的时序信息进行建模和学习。这一特点使得RNN在自然语言处理、语音识别、时间序列预测等领域有着广泛的应用。在自然语言处理领域,RNN可以用于文本生成、机器翻译、情感分析等任务。在文本生成任务中,RNN根据输入的文本序列,逐字或逐词地生成后续的文本内容。由于RNN能够捕捉到文本中的时序依赖关系,因此生成的文本通常具有连贯性和自然性。这一特性使得RNN在对话系统、自动写作等应用中具有广阔的前景。

然而，传统的RNN在处理长序列数据时存在梯度消失和梯度爆炸的问题，这限制了其在实际应用中的性能。为了解决这个问题，研究人员提出了长短期记忆网络（LSTM）。LSTM是一种特殊的RNN架构，它通过引入门控机制（输入门、遗忘门、输出门）和记忆单元，有效地解决了梯度消失和梯度爆炸的问题，从而提高了对长序列数据的处理能力。例如，在语音识别任务中，LSTM可以处理较长的语音序列，准确地将语音信号转换为文本信息。这一技术的应用使得语音识别系统的识别率和鲁棒性得到了显著提升。此外，LSTM还被广泛应用于文本分类、情感分析、时间序列预测等任务中，取得了显著的效果。

深度学习概念的深化还体现在其模型架构的不断创新和优化上。除了CNN和RNN等经典架构外，研究人员还提出了许多新型的深度学习架构，这些架构在特定任务上展现出了优越的性能。生成对抗网络（GAN）是近年来深度学习领域的一个重大突破。GAN由生成器和判别器两个部分组成，通过对抗训练的方式，生成器能够生成逼真的样本数据，判别器则负责判断数据是真实的还是生成器生成的。这种对抗性的训练机制使得GAN广泛应用在图像生成、数据增强等方面。例如，在艺术创作领域，GAN可以根据给定的风格或主题生成独特的绘画作品。通过训练大量的艺术作品数据，GAN能够学习到不同风格的绘画特征，并根据这些特征生成具有相似风格的绘画作品。这一技术的应用为艺术家提供了创作灵感和素材，同时也为艺术市场的繁荣和发展注入了新的活力。

除了GAN外，还有许多其他新型的深度学习架构被提出并应用于实际任务中。例如，变换器架构是一种基于自注意力机制的深度学习模型，它在自然语言处理领域取得了显著的效果。变换器架构通过计算输入序列中每个元素与其他元素之间的相关性得分，从而实现对序列数据的全局建模。这一特性使得变换器架构在处理长序列数据时具有更高的效率和准确性。此外，深度学习领域还涌现出了许多优化算法和技巧，如梯度下降算法的变体（如Adam、RM-Sprop等）、正则化方法（如dropout、L2正则化等）、批量归一化方法等。这些优化算法和技巧的应用进一步提高了深度学习模型的训练效率和泛化能力。

尽管深度学习在理论和应用上都取得了显著的进步，但在实际应用中仍面临着一些挑战。例如，深度学习模型通常需要大量的训练数据和计算资源，这限制了其在某些领域的应用。此外，深度学习模型的解释性较差，难以解释其决策过程和输出结果，这在一定程度上影响了其在医疗、金融等领域的应用。为了应对这些挑战，研究人员正在积极探索新的方法和技术。例如，迁移学习是一种利用已有知识来解决新问题的技术。通过将在一个任务上学到的知识迁移到另一个任务上，迁移学习可以有效地减少完成新任务时训练数据的需求。此外，强化学习和自适应学习等新型学习机制的研究也在不断深入，这些机制有望进一步提高深度学习模型的适应性和泛化能力。

展望未来，深度学习将继续在人工智能领域发挥重要作用。随着技术的不断进步和应用场景的不断拓展，深度学习将在更多领域展现出其独特的优势和潜力。同时，我们也期待深度学习能够与其他技术(如量子计算、生物计算等)相结合,共同推动人工智能技术的创新和发展。

三、大数据

随着互联网、物联网、移动互联网等技术的飞速进步,数据量呈现出爆炸式增长的态势。从社交媒体上的海量图文信息,到电子商务平台的交易记录,再到遍布全球的传感器所收集的环境数据,大数据已经渗透到我们生活的方方面面。这些数据不仅种类繁多,涵盖了结构化、半结构化和非结构化等多种形式,而且规模庞大,为人工智能的学习和优化提供了丰富的素材。

在大数据的滋养下,深度学习模型得以不断优化和成长。以电商推荐系统为例,通过深入挖掘和分析海量的用户购买行为数据、浏览历史数据以及商品信息数据,深度学习模型能够精准地捕捉用户的兴趣偏好和购买需求。这不仅极大地提升了用户体验,使得用户能够更容易地找到心仪的商品,同时也为电商平台带来了销售额的显著增长。这种个性化的推荐服务,正是大数据与深度学习相结合所展现出的强大威力。此外,大数据还在医疗健康、金融风控、智慧城市等众多领域发挥着重要作用。通过收集和分析大量的医疗数据,深度学习模型可以帮助医生更准确地诊断疾病,制定个性化的治疗方案;在金融领域,大数据和深度学习的结合能够更有效地识别欺诈行为,提高风控水平;在智慧城市的建设中,大数据则成为连接城市各个角落的纽带,为城市的智能化管理提供了强有力的支持。

与大数据相伴而生的,是计算力的飞速提升。图形处理单元

(GPU)的广泛应用,为神经网络的训练过程带来了革命性的加速。GPU 原本主要用于图形渲染,但其强大的并行计算能力恰好符合神经网络中大规模矩阵运算的需求。与传统的中央处理器(CPU)相比,GPU 在处理深度学习任务时能够实现数倍甚至数十倍的加速,极大地缩短了模型的训练时间。云计算技术的兴起,更是为人工智能的发展插上了翅膀。企业和研究机构无需再为昂贵的计算基础设施而烦恼,只需通过云服务提供商即可按需获取强大的计算能力。这种灵活的计算资源获取方式,不仅降低了人工智能研究和应用的门槛,还促进了资源的优化配置和高效利用。在云计算的助力下,深度学习模型的训练和部署变得更加便捷和高效,推动了人工智能技术的广泛应用和快速发展。

大数据与计算力的结合,使得深度学习模型能够处理更加复杂的任务,并在准确性和效率上取得了质的飞跃。在语音识别领域,借助大数据集和强大的计算力,深度学习模型已经能够对各种口音、语速和语言环境下的语音进行准确识别。如今,语音识别的准确率已经大幅提高,从过去的较低水平提升到了接近甚至超过人类水平的程度。这不仅为智能家居、智能客服等应用场景提供了有力的支持,还为语音识别技术的进一步发展和应用拓展奠定了坚实的基础。在图像识别方面,深度学习模型同样展现出了惊人的能力。通过使用海量图像数据进行训练,深度学习模型能够识别出极其细微的图像特征和物体类别。在人脸识别、安防监控等领域,深度学习模型已经发挥出了重要作用。它们能够快速地识别出人脸特征,准确地匹配身份信息,为社会的安全和稳定提供了有力的保障。除了语音识别和图像识别外,大数据与计算力的结合还在自然语言处理、智能推荐、自动驾驶等众多领域展现出了强大的威力。这些领域的快速发展和广泛应用,不仅推动了人工智能技术的不断创新和进步,更为人类社会的智能化转型和可持续发展提供了强有力的支持。

大数据与计算力作为人工智能复兴之路上的两大关键引擎,它们的迅猛发展为深度学习等前沿技术的腾飞提供了坚实的支撑和源源不断的动力。在未来,随着大数据和计算力的持续升级和优化,我们有理由相信,人工智能将会在更多领域展现出更加惊人的潜力和价值。

5.2 标志性成果

随着人工智能新技术的崛起,一系列标志性成果如璀璨星辰闪耀在科技的天空,它们不仅向世人展示了人工智能的强大实力,更推动着其应用领域不断拓展延伸,深刻地改变着人们的生活、工作与社会的诸多方面。阿尔法狗在棋坛的惊艳表现、智能语音助手在日常生活中的广泛普及以及计算机视觉技术在各行业的显著进步,无疑是这一复兴浪潮中最为耀眼的浪花,它们引领着人工智能大步迈向更为广阔的天地。

一、阿尔法狗

2016年,一场举世瞩目的人机大战将人工智能技术推向了新的高度,这场战役的主角是谷歌旗下DeepMind公司研发的阿尔法狗(AlphaGo),一种下棋机器人(图5-3),它的出现如同一颗科技领域的重磅炸弹,不仅震撼了围棋界,更在整个科技领域引发了广泛的讨论和深刻的思考。这一事件标志着人工智能技术在复杂决策任务上的重大突破,也预示着人工智能技术将深刻改变人类社会的未来。

阿尔法狗的成功,离不开其背后强大的深度学习技术支撑。深度学习是机器学习的一个分支,通过模拟人脑神经元的工作方式,构建多层神经网络模型，实现对数据的自动特征提取和模式识别。阿尔法狗的核心算法融合了卷积神经网络与强化学习等先进理念，使其能够在对弈过程中不断学习和优化策略。卷积神经网络擅长处理图像数据，通过多层卷积和池化操作，提取出图像中的关键特征。在围棋领域，这意味着阿尔法狗能够高效地分析棋局形势，识别出棋子的布局和走势。而强化学习则是一种通过试错法来优化策略的方法，阿尔法狗在与自己对弈的过程中，不断尝试不同的走法，并根据结果调整策略，从而逐渐提升棋艺。

图5-3　下棋机器人想象图

在与人类顶尖棋手的对决中，阿尔法狗展现出了令人惊叹的围棋技艺。它不仅能够精准地分析棋局形势，预测每一步棋的后续变化，还能制定出极具策略性的下棋方案。在与韩国棋手李世石的比赛中，阿尔法狗在复杂的棋局中屡屡走出精妙绝伦的棋步，这些棋步甚至超出了人类棋手的常规思维模式。它不仅能够准确地判断局部战斗的得失，还能从全局战略高度规划棋局走向，这种强大的决策能力让全世界为之震惊。阿尔法狗的胜利,不仅仅是一场棋局的胜利,更是人工智能发展史上的一个重要里程碑。它向世人证明了深度学习算法在处理复杂决策任务方面的巨大潜力,使人们认识到围棋等需要高度人类智慧和直觉的领域并非是人工智能难以企及的。这一成果极大地激发了全球范围内对人工智能研究的新一轮热潮,推动了人工智能技术的快速发展和广泛应用。

在阿尔法狗之后,越来越多的科研团队开始探索深度学习在其他领域的应用可能性。从自然语言处理到计算机视觉,从自动驾驶到医疗诊断,深度学习技术正在不断拓展其应用领域,并在许多方面取得了显著的成果。这些成果不仅提升了人工智能技术的实用性和智能化水平,也为人类社会的发展带来了更多的可能性和机遇。同时,阿尔法狗的成功也引发了人们对于人工智能与人类智能关系的深入思考。人们开始意识到,人工智能在某些方面已经超越了人类智能的极限,如数据处理、模式识别等。然而,在创造力、情感理解等方面,人类智能仍然具有无可替代的优势。因此,如何平衡人工智能与人类智能的关系,实现人机协同发展,成为未来人工智能发展的重要方向。

阿尔法狗的成功不仅推动了人工智能技术的快速发展和广泛应用,也对人类社会产生了深远的影响。首先,它促使社会各界开始重新审视人工智能的发展对人类社会、文化、伦理等方面可能产生的深远影响。人们开始关注人工智能技术的安全性和可控性,以及其对就业、教育、医疗等领域的潜在影响。其次,阿尔法狗的成功也引发了人们对于人工智能未来发展的期待和担忧。一方面,人们期待人工智能技术能够带来更多的便利和进步;另一方面,人们也担忧人工智能技术可能带来的风险和挑战,如数据隐私泄露、算法偏见等。因此,如何制定合理的人工智能发展政策和监管机制,确保人工智能技术的健康发展和安全应用，成为了未来社会发展的重要课题。

阿尔法狗的震撼登场推动了人工智能技术的快速发展和广泛应用，引发了人们对于人工智能与人类智能关系的深入思考，并对人类社会产生了深远的影响。未来，随着人工智能技术的不断发展和完善，我们有理由相信，人工智能将为人类社会的发展带来更多的助力。

二、智能语音助手

在人工智能复兴的浪潮中，智能语音助手如雨后春笋般迅速普及，成为人们日常生活中不可或缺的智能伙伴。苹果公司的Siri、亚马逊的Alexa、谷歌公司的谷歌助手以及微软公司的小娜等，这些智能语音助手凭借其便捷性和智能性，悄然改变着人们与设备交互的方式，为人们的生活带来了前所未有的便利。

智能语音助手(图5-4)的核心在于其背后的强大技术支持——语音识别、自然语言处理和机器学习。这些技术的融合，使得智能语音助手能够精准地理解并响应用户的语音指令，无论用户的口音如何、语速快慢，都能实现高效准确的交互。

图5-4　人们与智能音箱对话

语音识别技术是智能语音助手与用户沟通的第一步。通过复杂的算法和大量的训练数据,语音识别技术能够将用户的语音信号转化为文本信息,为后续的自然语言处理提供基础。这一技术不仅要求高度的准确性,还需要具备良好的鲁棒性,以应对各种噪声环境和不同用户的发音习惯。自然语言处理技术则负责解析和理解用户输入的文本信息。智能语音助手需要能够识别用户的意图,理解问题的上下文,并给出准确、清晰的回答。这要求自然语言处理技术具备深厚的语义理解和推理能力,能够处理复杂的语言结构和多变的表达方式。机器学习技术则是智能语音助手不断优化的关键。通过持续的学习和调整,智能语音助手能够逐渐适应不同用户的使用习惯,提升识别的准确性和响应的速度。机器学习技术还能够让智能语音助手在与用户交互的过程中不断学习和成长,变得更加智能和贴心。

智能语音助手的应用场景极为广泛,它们已经渗透到人们生活的方方面面,成为提升生活品质的重要工具。在家庭生活中,智能语音助手成为智能家居的“指挥官”。用户只需通过简单的语音指令,就可以控制家中的灯光、空调、电视等智能设备,实现家居的智能化管理。例如,当用户说出“打开客厅的灯”时,智能语音助手会立即执行指令,让客厅的灯光亮起,营造出温馨舒适的家居环境。此外,智能语音助手还可以帮助用户查询天气、设置提醒、播放音乐等,让家庭生活更加便捷和有趣。在车载环境中,智能语音助手为驾驶者提供了安全便捷的交互方式。驾驶者无需分心手动操作设备,只需通过语音即可完成导航设置、拨打电话、播放音乐等操作。这不仅提高了驾驶的安全性,还大大提升了驾驶的便利性。例如,当用户说出“导航到最近的加油站”时，智能语音助手会立即搜索并规划出最佳路线，为驾驶者提供准确的导航信息。在移动办公领域，智能语音助手同样发挥着重要作用。用户可以通过语音指令快速记录笔记、安排会议、查询邮件等，提高工作效率。例如，当用户说出“帮我记录一下会议内容”时，智能语音助手会立即启动录音功能，将用户的语音内容转化为文字并保存下来。这样，用户就可以轻松地将重要信息记录下来，避免遗漏或遗忘。智能语音助手在教育及娱乐领域也有着广泛的应用。它们可以帮助孩子学习新知识、解答疑难问题，还可以为家庭带来丰富的娱乐体验。例如，当用户说出“给孩子讲一个睡前故事”时，智能语音助手会立即搜索并播放一个适合孩子听的故事，为家庭营造出一个温馨和谐的氛围。

智能语音助手的出现，标志着人机交互进入了一个新的篇章。它使得人们与智能设备的交互更加自然、流畅，真正实现了“解放双手”的智能交互体验。用户无需再手动操作设备，只需通过语音即可完成各种操作，大大提高了交互的便捷性和效率。智能语音助手的普及还促进了人工智能技术的进一步发展。随着用户需求的不断增长和技术的不断迭代升级，智能语音助手的功能和性能也在不断提升。它们不仅能够更好地理解用户的意图和需求，还能够通过不断的学习和优化，变得更加智能和个性化。例如，一些智能语音助手已经具备了情感识别和情绪调节的能力。它们能够感知用户的情绪变化，并根据用户的情绪状态给出相应的回应和安慰。这种人性化的设计不仅让智能语音助手更加贴心和有趣，还为用户带来了更加丰富的情感体验。此外，智能语音助手还在不断拓展其应用场景和边界。它们正在与更多的智能设备和系统进行融合和连接，形成一个更加完善的智能生态系统。在这个生态系统中，智能语音助手将成为连接用户与各种智能设备的桥梁和纽带，为用户提供更加全面和便捷的智能服务。

随着人工智能技术的不断发展和普及，智能语音助手将成为未来智能生活的重要组成部分。它们将继续在各个领域发挥重要作用，为人们提供更加便捷、智能和个性化的服务。同时，智能语音助手也将成为推动人工智能技术进步和创新的重要力量，为人工智能的未来发展注入新的动力。总之，智能语音助手的普及不仅改变了人们与智能设备交互的方式，还为人们的生活带来了前所未有的便利和乐趣。它们将成为未来智能生活的重要载体和推动力量，为人们创造更加美好和智能的生活体验。

三、计算机视觉技术

计算机视觉技术，作为人工智能领域中最为活跃和前沿的分支之一，近年来取得了显著的发展与突破。它不仅仅是技术层面的革新，更是对人类感知、理解和交互方式的深刻变革。从图像识别到视频分析，再到增强现实与虚拟现实，计算机视觉技术的广泛应用正在逐渐塑造我们未来的生活方式和工作模式。

在图像识别领域，计算机视觉技术在识别精度和速度方面的提升是显而易见的。得益于深度学习算法的飞速发展，尤其是卷积神经网络等先进模型的广泛应用，计算机视觉系统在图像分类、目标检测和图像分割等核心任务上的表现日益卓越。在图像分类任务中，计算机视觉系统已经能够准确识别出图像中的各类物体，包括动物、植物、交通工具以及特定场景下的人物、建筑等。这些系统的准确率不仅已经接近甚至在某些情况下超过了人类水平，而且处理速度也得到了大幅提升，使得实时应用成为可能。

目标检测是计算机视觉技术中的另一项重要能力。它能够在复杂的图像或视频场景中快速定位并识别出多个目标物体，同时确定它们的位置、大小和类别信息。这一技术在安防监控领域的应用尤为突出。通过实时监测画面中的人员、车辆等目标，并检测出异常行为或可疑物体，计算机视觉技术为公共安全提供了有力的技术保障。例如，在机场、火车站等交通枢纽，计算机视觉系统能够自动识别并跟踪携带危险物品的人员，有效预防恐怖袭击和安全事故的发生。

图像分割技术则是计算机视觉领域中的另一项关键技术。它能够将图像中的不同物体或区域精确地分割开来，为后续的图像分析和理解提供重要的基础。在医学图像分析领域，计算机视觉技术的图像分割能力得到了广泛应用。通过对X射线摄影胶片、CT扫描图、MRI图像等进行精准分割，医生可以更加清晰地观察病变部位，从而提高诊断的准确性和效率。此外，在自动驾驶领域，图像分割技术也发挥着重要作用。它能够帮助自动驾驶系统准确识别道路、车辆、行人等关键元素，为安全驾驶提供有力的技术支持。

除了图像识别领域，计算机视觉技术在视频分析方面也取得了重大突破。视频作为图像序列的集合，包含了更加丰富的信息和动态特征。计算机视觉技术能够对视频中的动作、行为进行理解和分析，实现视频内容的自动分类、事件检测和行为识别。在体育赛事转播中，计算机视觉技术的应用为观众带来了更加丰富的观赛体验。它可以自动识别运动员的各种动作，如进球、犯规、精彩瞬间等，并实时生成相应的视频剪辑和分析数据。这些数据不仅可以帮助教练和运动员进行战术分析和训练改进，还可以为观众提供更加个性化的观赛体验。

在智能交通系统中，计算机视觉技术同样发挥着重要作用。它能够对道路上的车辆行驶行为进行实时监测和分析，判断车辆是否存在超速、违规变道、闯红灯等交通违法行为。这些数据为交通管理提供了智能化的决策依据，有助于提高交通效率和安全性。此外，计算机视觉技术还可以用于交通流量监测和预测，为城市交通规划和优化提供有力支持。

随着技术的不断发展，计算机视觉技术还在增强现实和虚拟现实领域展现出巨大的应用潜力。增强现实技术通过将虚拟内容与现实世界相结合，为用户带来更加沉浸式的体验。计算机视觉技术在增强现实领域的应用主要体现在实时感知周围环境信息，为虚拟内容与现实世界的融合提供精准的定位和交互支持。例如，在增强现实游戏中，计算机视觉技术可以识别玩家所处的现实场景，将虚拟的游戏角色、道具等准确地叠加在现实环境中，为玩家创造出更加逼真的游戏体验。

虚拟现实技术（图 5-5）则通过创建完全虚拟的环境，让用户能够身临其境地体验不同的场景和情境。在计算机视觉技术的支持下，虚拟现实系统能够实时跟踪用户的头部和身体动作，使得虚拟世界能够根据用户的动作实时做出响应。这种交互方式大大增强了用户在虚拟环境中的真实感和沉浸感，使虚拟现实技术在教育、娱乐、医疗等领域得到了广泛应用。例如，在医疗培训中，虚拟现实系统可以模拟真实的手术场景，让医学生在虚拟环境中进行手术练习，从而提高他们的手术技能和应对紧急情况的能力。

图5-5　虚拟现实眼镜示意图

计算机视觉技术的进步不仅推动了人工智能领域的快速发展，还为各行各业带来了深远的影响。从图像识别到视频分析，再到增强现实和虚拟现实领域的应用，计算机视觉技术正在逐渐改变我们感知和理解世界的方式。随着技术的不断成熟和应用的不断拓展，我们有理由相信，计算机视觉技术将在未来发挥更加重要的作用，为人类社会的发展和进步贡献更多的智慧和力量。

在未来，我们可以期待计算机视觉技术在更多领域展现出其独特的价值和潜力。例如，在智能制造领域，计算机视觉技术可以用于产品质量检测和生产线自动化控制；在智慧农业领域，它可以帮助农民实时监测作物生长情况和病虫害情况；在智能家居领域，它可以通过识别用户的身份和行为来提供更加个性化的服务。这些应用不仅将提高生产效率和生活质量，还将推动经济的可持续发展和转型升级。

第六章 人工智能在多领域的应用

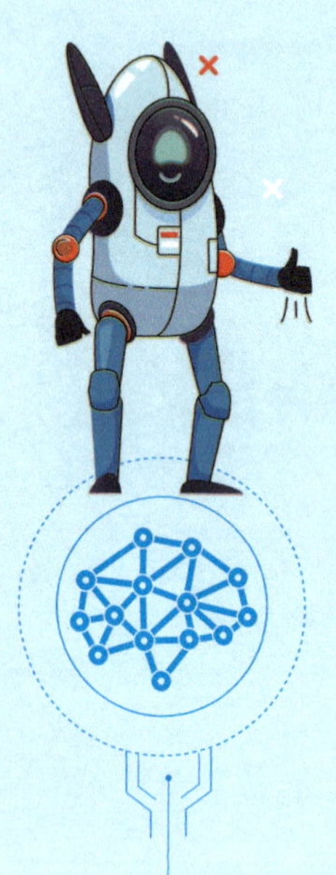

6.1 工业领域

工业作为经济发展的坚实脊梁，在人工智能的强力赋能下，正经历着一场深刻且全面的变革，从生产流程的智能化重塑，到质量把控的精准升级，再到机器人协作的创新突破，人工智能的应用正全方位地提升着这一领域的生产力、效率与竞争力，引领工业迈向一个崭新的智能时代。

一、智能生产与自动化流程

智能生产与自动化流程，堪称人工智能在工业领域的核心驱动力之一，它借助先进的传感器网络、智能机器人技术以及复杂的人工智能算法，将传统的工业生产流水线打造成了高度智能化、自动化且具备自我优化能力的现代化生产系统，实现了从原材料到成品的高效、精准生产，极大地提高了生产效率、降低了生产成本，并显著提升了产品质量与一致性。

在这一智能化的生产体系中，智能机器人无疑是主角之一。它们凭借卓越的精度、速度和可靠性，承担了大量复杂、繁重且对精度要求极高的生产任务。以汽车制造为例，在车身焊接环节，智能机器人借助先进的视觉识别系统，能够精确地识别焊接部位的形状、位置和角度，误差可控制在极小范围内，其焊接速度和质量远远超越了人类手工操作的极限。同时,传感器网络的广泛应用使得生产过程中的各种信息得以实时采集和传输。例如,温度传感器可实时监测焊接过程中的温度变化,一旦发现温度异常,系统会立即自动调整焊接电流或冷却系统的参数,确保焊接质量不受影响;压力传感器则可对装配过程中的压力进行精准监测,保证零部件装配的精密性和稳定性。通过这种数据驱动的智能控制方式,生产过程中的各种问题能够被及时发现并迅速解决,有效避免了因设备故障或工艺偏差导致的生产中断和产品质量缺陷,极大地提高了生产过程的可靠性和稳定性。

此外,人工智能在生产计划与调度方面也发挥着不可替代的作用。它能够综合考虑市场需求、原材料库存水平、生产设备的实时状态以及人力资源的配置等多方面因素,运用智能优化算法制定出最为合理、高效的生产计划和调度方案。例如,当市场需求出现季节性波动或因突发事件导致订单需求突然变化时,人工智能系统能够迅速重新评估生产任务的优先级,合理调配原材料、设备和人力等资源,优先保障紧急订单的按时交付,同时通过优化生产流程和调整生产节奏,最大限度地减少生产线的闲置时间和库存积压,实现生产资源的高效利用和生产效益的最大化。这种基于人工智能的智能生产与自动化流程管理模式,不仅有效解决了传统生产管理中因人工经验局限性和信息滞后性导致的生产效率低下、资源浪费等难题,还使得企业能够更加灵活地应对市场变化,快速调整生产策略,显著提升企业在激烈市场竞争中的核心竞争力。

二、质量检测与故障预测

质量检测与故障预测是工业生产中确保产品质量和保障生产连续性的两大关键环节,而人工智能技术的引入为这两个领域带来了革命性的变革与突破。通过融合计算机视觉、机器学习、深度学习以及大数据分析等前沿技术,人工智能能够实现对产品质量的高精度自动化检测以及对生产设备故障的精准预测与提前防范,有效提高了产品质量,降低了生产成本,并大幅减少了因设备故障导致的生产中断,为企业的稳定生产和可持续发展提供了坚实的技术保障。

在质量检测方面,基于人工智能的图像识别技术展现出了卓越的性能。例如,在电子制造业中,对于手机主板等精密电子产品的检测,传统检测方法往往依赖肉眼观察或简单的机械检测设备,不仅检测速度慢、效率低,而且容易出现漏检和误检的情况。而人工智能图像识别系统能够对产品的图像进行像素分析,通过学习大量的正常产品和缺陷产品图像数据,建立起高度准确的缺陷识别模型。它可以快速识别出产品表面的各种缺陷类型,并对缺陷的严重程度进行评估,检测精度可达到微米级别。在机械制造行业中,人工智能还可应用于产品内部结构的检测。例如,利用X射线或超声波等无损检测技术获取产品内部结构的图像或信号数据,然后通过机器学习算法对这些数据进行分析,检测出产品内部是否存在裂纹、气孔等缺陷,确保产品的质量和整体性能符合标准。这种基于人工智能的自动化质量检测方法不仅大大提高了检测效率和准确性,还能够实现对产品质量的全检,有效避免了不合格产品流入市场,为企业树立了良好的品牌形象和市场信誉。

与此同时，人工智能在故障预测领域也发挥着极为重要的作用。通过对生产设备运行过程中产生的海量数据进行实时监测、采集和深度分析，人工智能系统能够构建起设备的健康状态模型，提前预测设备可能出现的故障类型、发生时间以及故障严重程度，并及时发出预警信号，提醒维护人员提前采取针对性的维护措施，有效避免因设备突发故障而导致的生产停滞、设备损坏以及经济损失等严重后果。例如，在工业机器人的运行过程中，系统实时采集机器人关节的运动数据、电机的电流和温度变化、振动信号等参数信息，利用机器学习算法对这些数据进行建模和分析，建立起机器人的故障预测模型。当检测到某些关键参数出现异常波动或偏离正常范围时，系统根据故障预测模型迅速判断机器人可能出现的故障隐患，如关节磨损、电机过热、控制系统故障等，并提前通知维护人员进行检修和维护。这种基于人工智能的故障预测与预防性维护策略能够显著提高生产设备的可靠性和可用性，大幅降低设备的维修成本和停机时间，为企业的稳定生产和可持续发展提供有力保障。

三、工业机器人的协作应用

工业机器人的协作应用是人工智能在工业领域推动人机融合创新发展的重要体现，它打破了传统工业机器人单一、独立、刚性的工作模式，赋予了机器人与人类工人或其他机器人之间协同合作、灵活互动的能力，开创了人机共融的新型智能制造模式，为工业生产的智能化升级和生产效率提升开辟了新的广阔空间。

在这种创新的人机协作模式下，工业机器人配备了一系列先进的传感器和智能控制系统，使其具备了强大的环境感知能力和自主决策能力，能够实时感知周围环境中的各种物体以及人员的位置、动作和意图信息，并根据这些信息迅速进行自主决策和动作调整，实现与人类工人或其他机器人之间的高效协同作业。例如，在复杂的装配作业场景中，机器人可以与人类工人紧密配合完成大型、精密零部件的装配任务。机器人利用其高精度的定位系统和强大的负载能力，精确地完成零部件的搬运和初步定位工作，为工人的精细装配操作提供便利。而人类工人则凭借其独特的感知、认知和判断能力，以及丰富的实践经验，对零部件进行最后的精细调整和装配，确保装配质量和精度达到高标准要求。在整个协作过程中，机器人通过视觉传感器实时监测工人的操作动作和位置变化，及时调整自身的运动速度和轨迹，避免与工人发生碰撞或干扰，同时根据工人的需求和指令，快速准确地提供所需的工具或零部件，实现了人机之间的无缝对接和高效协作。

此外，多台工业机器人之间也能够实现智能化的协作，共同完成复杂多变的生产任务。例如，在汽车车身焊接生产线中，多台不同类型、功能各异的机器人通过高速网络连接和智能控制系统的协同调度，能够根据车身的不同部位、结构特点和焊接工艺要求，自动分配焊接任务，合理规划焊接路径和顺序，相互配合完成整个车身的高精度焊接工作。这种多机器人协作模式不仅提高了生产效率和焊接质量，还能够根据生产任务的变化和需求，快速灵活地调整协作策略和工作流程，实现生产线的柔性化生产和智能化升级，有效提升企业的市场竞争力和应变能力。

工业机器人(图 6-1)的协作应用不仅显著提高了工业生产的效率和质量，还极大地改善了工人的工作环境和劳动强度。人类工人从繁重、危险、单调的重复性劳动中解放出来，有更多的时间和精力投入到需要创造力、判断力和人际交往能力的工作岗位上，如生产工艺设计、生产过程监控与管理、产品质量检测与控制等，实现了人与机器在生产过程中的优势互补和协同发展，推动了工业生产向智能化、人性化、高效化方向不断迈进。

图6-1　机械臂组装电动汽车

6.2 医疗健康领域

在科技浪潮汹涌澎湃的今天，人工智能如同一颗耀眼的启明星，照亮了医疗健康领域前行的道路。曾经，医疗更多地依赖于医生的经验、专业知识以及传统的医疗技术手段。然而，随着人工智能的蓬勃兴起，这一格局正被深刻地改变。从疾病的诊断到治疗方案的定制，再到医疗影像的精准分析，人工智能以其强大的数据处理能力、高度精准的算法模型，为医疗健康事业注入了崭新的活力与无限的可能。它正逐步跨越传统医疗的边界，开启一个智能化、个性化、高效化的医疗新纪元，让人类在追求健康的征程上拥有了更为得力的助手和更广阔的视野。

一、疾病诊断辅助系统

在疾病诊断的漫长征途中，医生们犹如在茫茫大海中航行的舵手，需要凭借丰富的医学知识、敏锐的临床洞察力以及多年积累的经验，从患者纷繁复杂的症状、体征和病史中抽丝剥茧，探寻疾病的真相。但人体就像一个神秘而复杂的宇宙，病症的多样性和隐匿性常常让诊断工作充满挑战与不确定性。

人工智能驱动的疾病诊断辅助系统，恰似一盏明灯，为医生在这迷雾般的诊断之路上照亮方向。疾病诊断辅助系统依托海量的医疗数据，犹如一座庞大的医学知识宝库，涵盖了数量庞大的病例信息，包括各种疾病的症状、检查结果、诊断结论以及治疗过程等。它们运用先进的机器学习算法和深度学习模型，对这些数据进行深度挖掘与学习，如同一位孜孜不倦的学者，不断汲取知识，总结规律，进而构建起高度精准的诊断模型。

以一位出现咳嗽、发热、乏力且伴有呼吸困难的患者为例，当他走进医院，疾病诊断辅助系统便迅速启动。它首先会对患者的症状信息进行全面梳理，将这些症状与数据库中众多类似病例进行快速比对与分析。同时，系统还会综合考量患者的年龄、性别、既往病史、家族病史等多方面因素，如同一位经验丰富的全科医生，对病人进行全方位的评估。例如，对于一位老年男性患者，若其有长期吸烟史且伴有高血压、心脏病等基础疾病，系统在分析时会重点关注肺部疾病以及心血管疾病引发相关症状的可能性。

不仅如此，疾病诊断辅助系统还能对患者的各种检查结果进行精准解读。比如，在分析血液检测报告时，它可以快速识别出各项指标的异常，并结合临床症状判断其与潜在疾病的关联。对于影像学检查，如 X 射线、CT、MRI 等，系统能够精准地识别出图像中的异常病灶，并测量其大小、形状、位置等关键信息，再与已知的疾病影像特征进行匹配。以肺部 CT 检查为例，系统可以准确地检测出肺部的结节、炎症浸润区域或其他病变迹象，甚至能够对结节的性质进行初步判断。通过对大量肺部疾病影像数据的学习，智能医疗系统会熟知良性结节与恶性肿瘤在影像学上的细微差异，如结节的边缘是否光滑、密度是否均匀等，从而为医生提供有价值的诊断参考。

在实际应用中，这样的疾病诊断辅助系统（图 6-2）已经在许多医疗机构崭露头角。例如，在某大型综合医院的呼吸内科门诊，一位患者因持续咳嗽数月且伴有低热前来就诊。医生在详细询问病史和进行初步体格检查后，将患者的症状信息以及之前的检查结果输入到疾病诊断辅助系统中。系统经过快速运算与分析，在短短几分钟内就给出了一份详细的诊断建议报告。报告中不仅列出了可能的疾病，如肺结核、肺炎、肺癌等，还按照可能性的高低进行了排序，并提供了相应的诊断依据和进一步检查的建议。医生根据系统的提示，为患者安排了特异性更高的检查项目，如结核菌素试验、痰液细胞学检查以及胸部增强 CT 等。最终，通过综合系统的分析结果和进一步检查，患者被确诊为早期肺癌，并及时接受了手术治疗。这一案例充分彰显了疾病诊断辅助系统在提高诊断效率和准确性方面的巨大潜力，它能够帮助医生在疾病早期发现问题，从而为患者赢得宝贵的治疗时间，大大提高疾病的治愈率和患者的生存率。

图6-2 远程医疗示意图

二、定制个性化医疗方案

在传统的医疗模式中，治疗方案的制定往往基于大规模临床试验和临床经验总结得出的一般性指南。医生依据患者所患疾病的类型、分期以及常见的治疗规范，为患者提供相对标准化的治疗方案。然而，这种“一刀切”的方式却难以充分顾及每个患者的独特性。毕竟，每一位患者都是独一无二的个体，其身体状况、基因构成、生活方式以及对药物的反应等都存在着显著差异。

人工智能的出现为个性化医疗方案定制带来了革命性的突破。它能够对患者进行全方位、深层次的分析，从而为其量身打造最适宜的治疗策略。在基因层面，人工智能借助先进的基因测序技术和生物信息学分析方法，对患者的基因组数据进行深入解读。人类基因组蕴含着海量的遗传信息，而人工智能可以从中精准地识别出与疾病相关的基因突变位点、基因表达异常以及潜在的遗传风险因素。例如，在癌症治疗中，不同患者的肿瘤细胞可能携带不同的基因突变组合，这些突变会影响肿瘤的生长、扩散方式以及对药物的敏感性。人工智能通过对大量癌症患者基因数据的学习与分析，能够构建起针对特定基因突变与药物疗效之间关系的精准模型。对于一位患有乳腺癌且基因检测发现*HER2*基因突变的患者，人工智能系统可以根据这一关键信息，推荐使用针对相应靶点的靶向治疗药物，而不是采用传统的化疗方案。这种精准的靶向治疗能够更有效地抑制肿瘤细胞的生长，同时减少对正常细胞的损伤，显著提高治疗效果并降低副作用。

除了基因数据，人工智能还会综合考量患者的生活方式等因素。它会详细了解患者的饮食习惯、运动情况、吸烟饮酒史以及睡眠质量等信息。例如，对于一位患有糖尿病且饮食习惯较差、缺乏运动的患者，个性化医疗方案定制系统除了制定药物治疗方案外，还会为其提供个性化的饮食和运动建议。系统可能会根据患者的身体状况和日常能量消耗，为其制订一份合理的饮食计划，包括控制碳水化合物的摄入量、增加膳食纤维的摄入以及合理分配三餐的热量比例等。同时，结合患者的运动能力和兴趣爱好，推荐适合的运动方式，如每周进行至少 150 分钟的中等强度有氧运动，如快走、慢跑或骑自行车，以及适量的力量训练，如使用哑铃进行简单的手臂力量练习等。通过改善生活方式，患者能够更好地控制血糖水平，提高身体的整体健康状况，从而增强药物治疗的效果。

此外，人工智能还能持续监测患者在治疗过程中的反应与病情变化。通过与可穿戴医疗设备以及医院信息系统的无缝连接，它可以实时获取患者的生命体征数据、症状变化信息以及各种检查结果。例如，在一位接受心脏病治疗的患者身上，他佩戴的医疗智能手环（图 6-3）可以实时监测其心率、血压、血氧饱和度等生命体征，并将这些数据传输到人工智能系统中。系统根据这些动态数据，及时调整治疗药物的剂量和种类，确保治疗方案始终处于最佳状态。如果发现患者的心率在一段时间内持续异常升高，系统可能会提示医生调整 β 受体阻滞剂的剂量，以更好地控制心率，减轻心脏负担。

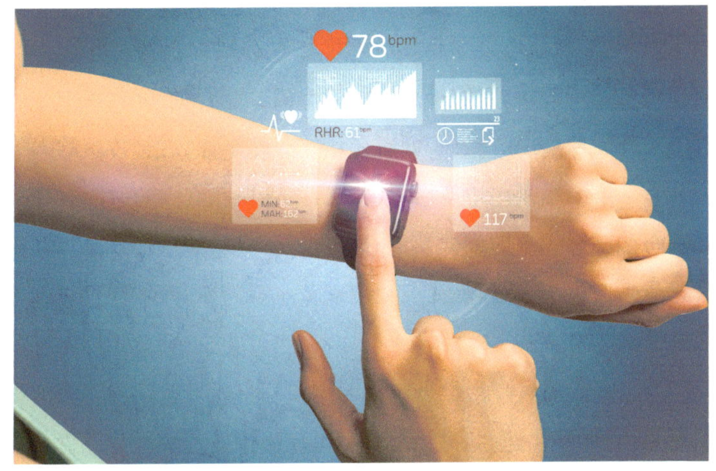

图6-3　医疗智能手环

在实际临床实践中，个性化医疗方案定制已经取得了令人瞩目的成效。在某肿瘤专科医院，一位肺癌晚期患者在接受传统化疗方案后，病情并未得到有效控制还出现了严重的副作用。医生将患者的基因检测结果、临床症状、病史以及生活方式等信息输入个性化医疗方案定制系统中。系统经过全面分析后，为患者推荐了一种新型的免疫治疗联合靶向治疗方案，并根据患者的身体状况制定了个性化的剂量和治疗周期。在后续的治疗过程中，系统持续监测患者的病情变化和身体反应，及时调整治疗方案。经过一段时间的治疗，患者的肿瘤明显缩小，症状得到显著缓解，生活质量得到了极大提高。这一成功案例充分展示了个性化医疗方案定制在提高治疗效果、改善患者生活质量方面的巨大优势，为未来医疗的精准化、个性化发展指明了方向。

三、医疗影像分析技术

医疗影像，犹如一扇通往人体内部神秘世界的窗户，为医生提供了直观、可视化的诊断依据。无论是 X 射线摄影、CT 扫描、MRI 成像还是超声影像，它们都在疾病的检测、诊断与治疗监测中发挥着不可或缺的作用。然而，面对海量的医疗影像数据，传统的人工阅片方式逐渐暴露出诸多局限。如医生需要在有限的时间内仔细甄别每一幅影像中的细微异常，这不仅是一项耗时费力的工作，还极易受到医生个人经验、疲劳程度以及主观判断等因素的影响，从而导致漏诊或误诊。

人工智能的医疗影像分析技术宛如一位拥有超凡洞察力的影像专家，它能够快速、精准地对各类医疗影像进行解读与分析。这项技术以深度学习算法为核心，其中卷积神经网络更是功不可没。

该技术通过模拟人类大脑的视觉认知机制,对医疗影像中的图像特征进行逐层提取与学习。它首先从像素级别的低级特征开始,如影像中的边缘、纹理、灰度变化等,逐渐过渡到更高级、更抽象的语义特征,如器官的形态、结构以及病变的特征表现等。

在训练过程中,医疗影像分析技术需要大量经过专业医生标注的影像数据作为学习素材。这些标注信息涵盖了影像中各种病变的位置、类型、大小、边界等详细信息。例如,在肺部 CT 影像训练集中,医生会对每一幅影像中的肺结节进行精确标注,注明结节的坐标位置、直径大小、是实性结节还是其他结节,以及结节边缘是否光滑、有无钙化等特征。通过对海量标注数据的学习,医疗影像分析技术逐渐掌握了不同疾病在影像上的特征模式,从而能够在面对新的未标注影像时,自动识别出其中可能存在的病变,并给出详细的分析结果。

以肺部疾病的诊断为例,医疗影像分析技术在肺部 CT 影像分析中展现出了卓越的性能。对于早期肺癌的检测,肺结节是一个关键的影像特征。传统人工阅片时,由于肺结节可能体积较小、形态隐匿,且肺部结构复杂,容易被医生忽视。而医疗影像分析技术能够以极高的灵敏度检测出微小的肺结节,哪怕其直径仅有几毫米。它不仅能准确地定位结节的位置,还能对结节的性质进行初步判断。通过分析结节的多种影像特征,如密度、形态、边缘特征以及生长模式等,系统可以计算出结节的恶性概率。例如,若一个肺结节呈现出不规则形状、边缘有毛刺、密度不均匀且在短期内有明显生长趋势,医疗影像分析技术会将其判定为高风险结节,并提示医生进行进一步的检查与诊断,如活检或定期随访观察。

除了肺部疾病,医疗影像分析技术在其他领域同样大显身手。

在心血管疾病的诊断中，它可以对心脏的冠脉造影影像进行分析，精准地检测出冠状动脉狭窄的部位、程度以及斑块的性质，为心血管介入治疗提供重要的术前评估依据。在神经系统疾病方面，对脑部 MRI 影像的分析能够帮助医生检测出脑肿瘤、脑梗死、脑出血等病变，并对病变的范围、严重程度进行量化评估，辅助制定手术或药物治疗方案。

在实际的医疗场景中，医疗影像分析技术已经得到了广泛的应用与推广。许多大型医院都引入了先进的医疗影像分析软件系统，并将其整合到现有的影像诊断工作流程中。例如，在某三甲医院的放射科，每天都会产生大量的各类医疗影像数据。自从引入医疗影像分析技术后，影像诊断的效率得到了显著提升。原本需要医生花费十几分钟甚至半小时才能完成的阅片工作，现在借助该技术，在短短几分钟内就能得到一份详细的影像分析报告，其中包括对影像中是否存在病变的判断、病变的位置与特征描述以及进一步检查的建议等。这不仅大大缩短了患者的等待时间，使患者能够更快地得到诊断结果并开始相应的治疗，同时也提高了诊断的准确性，减少了因人为因素导致的漏诊和误诊，为患者的健康保驾护航。

6.3 交通运输领域

当我们提及交通运输，脑海中浮现的是川流不息的车辆、繁忙的交通枢纽。在现代社会，交通运输的高效与安全至关重要，它关乎着人们的出行便捷、货物的顺畅流通以及整个社会经济的稳定发展。而人工智能的崛起，如同一场深刻的革命，重塑着交通运输领域的方方面面。从无人驾驶技术的逐步成熟，到智能交通管理系统的全面构建，再到物流配送优化方案的创新实施，人工智能以其卓越的智能决策能力、精准的感知技术以及高效的数据处理能力，为交通运输注入了前所未有的活力并提高了效率，引领着我们迈向一个更加智能、便捷、安全的交通新时代。

一、无人驾驶技术

在汽车诞生后的漫长岁月里，驾驶一直是人类的专属领域。人们依靠自己的视觉、听觉、触觉以及大脑的判断和决策来操控车辆。然而，随着科技的飞速发展，无人驾驶技术逐渐从科幻小说走进了现实生活。

无人驾驶技术的起源可以追溯到20世纪中叶，当时一些先驱者开始尝试利用简单的传感器和机械装置来实现车辆的自动控制。例如，早期的一些实验车辆配备了基于雷达原理的测距传感器，能够检测车辆与前方障碍物之间的距离，并在距离过近时发出警报或自动减速。但由于当时技术条件的限制，这些早期的无人驾驶技术还非常初级，只能在特定的、较为简单的环境下进行有限的自动操作，如在封闭的试验场或直线道路上保持一定的车速和车距行驶。

进入 21 世纪，随着计算机技术、传感器技术、人工智能算法等多个领域的重大突破，无人驾驶技术迎来了快速发展的黄金时期。先进的激光雷达（LiDAR）技术应运而生，它能够以极高的精度扫描车辆周围的环境，构建出详细的三维点云图，精确地描绘出道路、建筑物、其他车辆以及行人等物体的位置和形状。同时，高清摄像头的广泛应用为无人驾驶汽车（图 6-4）提供了丰富的视觉信息，使其能够识别交通标志、车道线、信号灯以及各种复杂的路况。此外，毫米波雷达在恶劣天气条件下（如雨、雾、雪等）具有独特的优势，它能够有效地检测车辆周围物体的速度和距离，为无人驾驶系统提供可靠的补充信息。

图6-4　无人驾驶汽车

在人工智能算法方面，深度学习的崛起为无人驾驶技术带来了质的飞跃。基于深度神经网络的图像识别算法能够对摄像头采集到的图像进行快速准确的分析，识别出各种交通元素。例如，通过大量图像数据的训练，算法可以准确地判断出前方是红灯还是绿灯、车道线的类型和位置以及道路上的行人、自行车和其他车辆的姿态和运动方向。同时，路径规划算法利用地图数据和实时感知信息，为无人驾驶汽车规划出最优的行驶路线，考虑到交通拥堵情况、道路施工、限速区域等多种因素，确保车辆能够高效、安全地到达目的地。决策算法则根据感知数据和规划路径，综合判断车辆的行驶策略，如加速、减速、转弯、避让等操作，模拟人类驾驶员在复杂交通环境中的决策过程。

如今，许多科技公司和汽车制造商都在积极投入无人驾驶技术的研发和测试。如某些国产品牌的汽车已经配备了较为先进的自动驾驶辅助系统，能够在高速公路上实现自动辅助驾驶，包括自动跟车、自动变道等功能。某些公司已在无人驾驶领域取得了显著的成果，能够应对各种复杂的城市交通场景，如繁忙的十字路口、狭窄的街道以及行人密集的区域。

随着技术的不断演进，无人驾驶技术正逐步从辅助驾驶向完全自动驾驶迈进。虽然目前仍面临一些技术挑战和法律、伦理等方面的问题需要解决，但无人驾驶的未来无疑充满了无限的潜力。它将彻底改变人们的出行方式，提高交通效率，减少交通事故的发生，同时也将对整个交通运输行业以及相关行业产生深远的影响。

二、智能交通管理系统

在城市的交通网络中，交通拥堵、交通事故频发以及停车难等问题一直困扰着人们。传统的交通管理方式主要依赖于人工指挥、固定的交通信号灯以及有限的交通监控设备，然而这些已难以应对日益增长的交通流量和复杂多变的交通状况。而智能交通管理系统的出现,为解决这些难题带来了新的希望。

智能交通管理系统(图 6-5)是一个综合性的、高度智能化的平台,它集成了多种先进技术,旨在实现对交通流量的实时监测、精准分析和智能调控。遍布城市道路的传感器网络是智能交通管理系统的"眼睛"和"耳朵"。这些传感器包括地磁传感器、环形线圈传感器、视频摄像头等,它们能够实时采集交通流量、车速、车辆类型等信息。例如,地磁传感器可以通过感应车辆经过时引起的磁场变化,准确地检测到车辆的存在和通过时间,从而计算出该路段的车流量和车速。视频摄像头则可以拍摄道路的实时画面,不仅能够获取交通流量信息,还能识别交通违法行为,如闯红灯、超速、违规变道等。

图6-5　交通监控中心

通过这些传感器采集到的海量交通数据,被迅速传输到交通管理中心的大数据处理平台。在这里,人工智能算法发挥着核心作用。数据挖掘算法对交通数据进行深度分析,挖掘出隐藏在数据背后的交通规律和潜在问题。例如,通过分析不同时间段、不同路段的交通流量数据,可以预测交通拥堵的发生地点和时间,提前采取相应的疏导措施。机器学习算法则根据历史交通数据和实时路况信息,不断优化交通信号灯的配时方案。它能够根据路口各个方向的车流量,动态调整绿灯时间的长短,确保车辆在路口的通行效率最大化。例如,在早晚高峰期间,当某个方向的车流量较大时,智能交通管理系统会自动延长该方向的绿灯时间,减少车辆等待时间,缓解交通拥堵。

智能交通管理系统还具备智能停车管理功能。在大型停车场或城市停车区域,安装有智能停车引导系统。该系统通过车位传感器实时监测每个车位的占用情况,并将信息传输到停车场管理平台。当驾驶员进入停车场时,停车场入口处的显示屏会显示空余车位的位置和数量,引导驾驶员快速找到停车位。同时,一些智能停车应用程序还允许驾驶员提前查询目的地附近停车场的空余车位信息,并进行预订,实现便捷停车。

此外,智能交通管理系统还能与公共交通系统紧密结合,实现公交优先策略。通过在公交车辆上安装定位装置和通信设备,系统可以实时掌握公交车辆的位置和行驶状态。在公交车辆行驶至路口时,交通信号灯会根据公交车辆的优先级进行智能调整,优先给予公交车辆绿灯通行权,减少公交车辆在路口的停留时间,提高公交运营效率,鼓励更多人选择公共交通出行,从而缓解城市道路交通压力。

在一些城市的实际应用中,智能交通管理系统已经取得了显著成绩。例如，新加坡的智能交通管理系统通过对交通数据的实时分析和智能调控，有效降低了城市交通拥堵程度，提高了道路通行能力。据统计，在实施智能交通管理措施后，新加坡部分路段的交通拥堵时间缩短了约30%，交通事故发生率也有了明显下降。

三、物流配送优化方案

在全球经济一体化的今天，物流行业扮演着连接生产与消费的重要桥梁的角色。高效、精准的物流配送对于企业降低成本、提高客户满意度以及增强市场竞争力至关重要。然而，传统的物流配送模式面临着诸多挑战，如配送路线规划不合理导致运输成本增加、货物运输过程中的实时监控不足容易出现到货延误和货物丢失等问题。人工智能技术的应用为物流配送优化提供了创新的解决方案。

物流配送优化方案首先体现在智能配送路线规划方面。借助地理信息系统(GIS)和人工智能算法，物流企业能够根据货物的发货地、目的地、重量、体积以及运输车辆的载重、限行等信息，为每批货物制定最优配送路线。例如，在一个拥有众多仓库、配送中心和客户分布点的大型物流网络中，人工智能算法会综合考虑交通路况、道路限行规定、不同时间段的交通流量变化以及配送成本等多种因素，通过对大量历史数据和实时数据的分析计算，为每一辆运输车辆规划出一条既能满足货物按时送达要求，又能使运输成本最低的配送路线。比如，在城市配送中，人工智能算法会优先选择交通拥堵较少的道路，避开高峰时段的拥堵路段；在长途运输中，会考虑高速公路的收费情况、路况信息以及沿途的加油站、休息点等因素，确保运输过程的高效与安全。

在货物运输过程中，基于人工智能的物流监控系统发挥着关键作用。通过在运输车辆上安装GPS定位装置、传感器以及物联网通信模块，物流监控系统能够实时采集车辆的位置、速度、行驶路线、货物状态（如温度、湿度、震动等）等信息。这些信息被传输到物流企业的监控平台后，人工智能算法会对数据进行实时分析。如果发现车辆偏离预定路线、车速异常或者货物状态出现异常时，物流监控系统会立即发出预警信息，通知物流企业管理人员和驾驶员采取相应措施。例如，对于运输生鲜食品的车辆，如果车厢内温度超出了规定范围，物流监控系统会及时提醒驾驶员检查制冷设备，并调整车厢温度，确保货物的质量不受影响。同时，物流企业管理人员可以通过监控平台实时查看货物的运输状态和车辆的位置信息，实现对整个物流配送过程的可视化管理，及时处理运输过程中出现的各种问题，提高服务质量。

此外，人工智能还在物流仓储管理方面发挥着重要作用，实现仓储空间的优化利用和货物的高效存取。智能仓储管理系统通过机器人、自动化货架以及人工智能算法的协同工作，能够根据货物的种类、出入库频率、库存周期等信息，自动规划货物的存储位置。例如，将出入库频率较高的货物存储在靠近仓库出入口的位置，方便快速存取；对于体积较大、质量较重的货物，分配到承载能力较强的货架区域。同时，仓储机器人（图6-6）在人工智能算法的控制下，可以自动完成货物的搬运、上架、下架等操作，提高仓储作业效率，减少人工错误。

图6-6　仓储机器人

一些大型物流企业已经开始广泛应用人工智能物流配送优化方案，并取得了显著的经济效益和社会效益。例如，某物流公司利用先进的人工智能物流系统，实现了高效的仓储管理和精准的配送服务。通过智能配送路线规划，某物流公司的快递车辆能够更快地将货物送达客户手中，提高了客户满意度；同时，智能仓储管理系统提高了仓储空间利用率，降低了库存成本，使其在激烈的电商竞争中占据了有利地位。

6.4 教育领域

教育,作为传承人类文明、启迪智慧、塑造灵魂的伟大事业,始终在不断探索与进步的道路上前行。在当今数字化时代,人工智能如同一股强劲的东风,吹进了教育领域的每一个角落,掀起了一场深刻的教育变革浪潮。从智能教学系统为学生量身定制个性化学习路径,到教育数据分析为教学质量评估提供精准依据,再到虚拟实验室与远程教育打破时空限制,让知识的传播更加广泛而高效。人工智能正以其独特的魅力和无限的潜力,重新定义着教育的模式与内涵,助力莘莘学子在知识的海洋中更加自由地遨游,开启智慧之门,迈向成功的未来。

一、智能教学系统与个性化学习

在传统的教育教学过程中,教师往往需要面对众多学生进行统一授课,难以充分兼顾每个学生的学习进度、兴趣爱好、学习风格以及知识掌握程度的差异。这就导致一些学生可能跟不上教学节奏,而另一些学生则可能觉得学习内容过于简单,无法满足其求知欲,从而影响整体的学习效果和学生的学习积极性。智能教学系统的出现,恰似一把神奇的钥匙,为解决这一教育难题提供了创新性的解决方案,开启了个性化学习的新时代。

智能教学系统依托先进的人工智能技术，如机器学习、自然语言处理、计算机视觉等，具备强大的智能交互功能和个性化学习推荐能力。在学生与智能教学系统初次接触时，系统会通过一系列的测试和评估，快速了解学生的基础知识水平、学习能力、兴趣偏好等多方面信息。例如，通过一份涵盖数学、语文、英语等多学科知识点的在线测试，智能教学系统可以分析出学生在各个学科领域的优势和薄弱环节；同时，结合学生对一些问题的回答以及在学习过程中的行为数据（如学习时间、答题速度、错题类型等），系统能够构建起较为全面的学生画像，为后续的个性化学习方案规划奠定基础。

基于学生画像，智能教学系统会为每个学生量身定制专属的学习计划和课程内容。例如，对于数学学科中代数部分薄弱的学生，智能教学系统会自动推送更多关于代数基础知识讲解、典型例题分析以及针对性练习题的学习资源。这些学习资源形式丰富多样，包括生动形象的动画演示、详细的文字讲解、互动式的在线练习以及由优秀教师录制的微课视频等。如在讲解一元二次方程的解法时，智能教学系统可能会先播放一段动画，以直观的方式展示方程的求解过程，然后给出详细的文字步骤说明，接着提供一些互动式练习，让学生在实际操作中巩固所学知识。当学生在练习过程中遇到困难时，智能教学系统可以通过自然语言处理技术与学生进行实时互动，解答学生的疑问，就像有一位耐心的私人教师随时陪伴在学生身边。

智能教学系统（图 6-7）还具有智能评估与反馈机制。在学生完成学习任务或练习后，它能够自动批改作业和试卷，并根据学生的答题情况进行深入分析。它不仅能指出学生的错误答案，还能分析出错误产生的原因，是概念理解不清、计算失误还是解题思路错误等。例如,若学生在一道物理力学题上出错,系统会详细分析是对牛顿第二定律的理解有误,还是在受力分析过程中忽略了某个力,并为学生提供针对性的强化学习建议和相关知识点的拓展学习资料。此外,系统还会根据学生的学习进展和评估结果,动态调整学习计划和课程难度,确保学习内容始终具有适当的挑战性,既不会让学生因过于困难而产生挫败感,也不会因过于简单而失去学习兴趣。

图6-7　智能教学系统

在一些学校和教育机构的实际应用中,智能教学系统已经取得了显著成效。例如,某中学引入了一套智能英语教学系统,在使用该系统一个学期后,全校学生英语统考平均成绩提高了15%。通过个性化学习,原本英语基础较差的学生在词汇量、语法理解和阅读理解等方面都有了明显的进步;而英语基础较好的学生则在口语表达、写作能力等方面得到了进一步提升,充分体现了智能教学系统在满足不同学生学习需求方面的优势。

二、教育数据分析与评估

教育教学过程中会产生大量的数据，如学生的考试成绩、作业完成情况、课堂表现、学习时间、参与讨论的活跃度等。然而，在传统教育模式下，这些数据往往未能得到充分有效利用，仅仅被简单地记录和统计，难以深入挖掘其中蕴含的丰富信息，为教学质量的提升和教育决策提供有力支持。教育数据分析与评估借助人工智能技术，能够对这些海量的教育数据进行深度挖掘和分析，从而为教育工作者提供全面、精准、有价值的决策依据。

教育数据分析与评估首先从数据的收集与整理开始。通过学校的信息管理系统、在线学习平台、课堂互动软件等多种渠道，收集学生在学习过程中的全方位数据。这些数据被整合到一个统一的数据仓库中，经过“清洗”、转换等预处理，去除噪声数据和不完整数据，确保数据的准确性和可用性。例如，将不同格式的成绩数据统一转换为标准的数值格式，将学生的文本信息进行规范化处理等。

在数据准备就绪后，人工智能算法开始发挥核心作用。数据挖掘算法可以发现数据中的潜在模式和关联关系。例如，通过分析学生的历次考试成绩数据，发现某些知识点之间的关联性，如果学生在函数概念理解上存在困难，那么他们在后续的函数应用题目上往往也容易出错；或者发现不同学科成绩之间的相关性，如数学成绩较好的学生在物理学科中的力学部分也通常表现出色。机器学习算法则可以构建预测模型，预测学生的学习成绩和学业发展趋势。例如，根据学生的入学成绩、前期学习表现以及学习行为数据，预测学生在期末考试中的成绩范围，或者预测学生在未来升学考试中的成绩等。同时，聚类分析算法可以将学生群体按照学习特征、成绩水平等因素进行分类，帮助教育工作者更好地了解不同类型学生的特点和需求，以便制定差异化的教学策略。

教育数据分析与评估的结果对于教学质量的提升具有重要意义。教师可以根据数据分析结果，及时发现教学过程中存在的问题，并调整教学方法和教学内容。例如，如果发现大部分学生在某个知识点上的错误率较高，教师可以重新设计教学方案，采用更直观、更易于理解的教学方式进行讲解；对于学习进度较慢的学生群体，可以提供额外的辅导资源和个性化的学习支持。学校管理者也可以利用这些数据进行教学资源的合理分配、教师教学效果的评估以及教育政策的制定。例如，根据各学科的教学质量数据，合理分配师资力量和教学设备；依据教师所教班级学生的整体学习情况，评估教师的教学绩效，为教师的专业发展和奖励机制提供客观依据。

在一些教育发达地区，已经建立了较为完善的教育数据分析与评估体系。例如，某城市的教育部门通过整合区域内所有学校的教育数据，构建了一个大数据教育分析平台。该平台定期为学校和教育工作者提供详细的数据分析报告，包括学生的学业发展趋势分析、学科教学质量评估、学校之间的教学效果对比等内容。在这个平台的支持下，该地区的整体教育质量得到了显著提升，学校之间的教育资源差距逐渐缩小，教师的教学水平也在不断提高。

三、虚拟实验室与远程教育

在教育领域，实践教学和实验操作对于学生深入理解知识、培养创新思维和实践能力具有不可替代的重要作用。然而，由于实验设备的成本限制、实验场地的空间局限以及地域差异等因素，许多学生无法充分享受到优质的实验教学资源。虚拟实验室(图 6-8)与远程教育的出现，借助人工智能、虚拟现实(VR)、增强现实(AR)等前沿技术，打破了时空的枷锁，将丰富多样的实验教学资源和优质的课程内容送到了每一位学生面前，无论他们身处繁华都市还是偏远乡村，都能在虚拟与现实融合的学习环境中尽情探索知识的奥秘。

图6-8　虚拟实验室

虚拟实验室利用计算机模拟技术和虚拟现实技术，创建出高度逼真的实验环境和实验对象。在物理学科的虚拟实验室中，学生可以通过虚拟现实设备，进行各种力学、电学、光学等实验操作，仿佛置身于真实的物理实验室中。例如，在进行电路实验时，学生可以使用虚拟的导线、电阻、电容、电源等实验器材，自由搭建电路，观察电流、电压的变化情况，测试不同电路连接方式下的实验结果。当电路连接错误时，系统会通过智能提示功能，指出错误之处并给出正确的连接建议,就像身边有一位经验丰富的实验指导教师。而且,虚拟实验室还可以模拟一些在现实中难以进行的实验,如核物理实验中的放射性物质反应过程等,让学生能够直观地观察到微观世界的物理现象,拓宽学生的科学视野。

在化学学科的虚拟实验室里,学生可以进行各种化学反应实验的模拟操作。系统能够精确地模拟化学反应过程,展示分子结构的变化、物质的生成与转化等微观现象。例如,在进行酸碱中和反应实验时,学生可以看到氢离子和氢氧根离子结合生成水分子的动态过程,同时观察到溶液 pH 值的变化以及反应过程中的热量变化等现象。虚拟实验室还提供了丰富的化学试剂库,学生可以根据实验需求自由选择和调配试剂,进行创新性的实验探索。

远程教育则通过互联网和人工智能技术,实现了优质课程资源的远程共享和师生之间的远程互动教学。知名高校和教育机构的优秀教师可以通过在线直播平台或录制的精品课程视频,为广大学生授课。在远程直播课堂中,教师可以利用人工智能辅助教学工具,如智能点名系统、实时互动答题系统、学生学习状态监测系统等,提高课堂教学的互动性和教学效果。例如,智能点名系统可以随机抽取学生回答问题,确保每个学生都能积极参与课堂;实时互动答题系统能够在教师讲解完知识点后,立即推送相关练习题让学生作答,并及时反馈答题情况,帮助教师了解学生对知识的掌握程度;学生学习状态监测系统则可以通过分析学生的面部表情、眼神专注度、肢体动作等信息,判断学生的学习状态,当发现学生注意力不集中时,教师可以及时调整教学节奏或提问方式,吸引学生的注意力。

对于学生来说，他们可以根据自己的学习进度和时间安排，随时随地选择适合自己的远程教育课程进行学习。在学习过程中，学生可以通过在线讨论、电子邮件、视频通话等方式与教师和其他同学进行交流互动，分享学习心得和问题。例如，在学习历史课程时，学生可以针对某个历史事件与不同地区的同学展开讨论，从不同的视角深入理解历史事件的背景、过程和影响。

在全球范围内，虚拟实验室与远程教育已经得到了广泛的应用和推广。许多国际知名大学都开设了大量的在线课程，吸引了来自世界各地的学生参与学习。一些发展中国家也通过引进虚拟实验室和远程教育技术，改善了本国的教育资源不均衡状况，让更多的学生能够得到高质量的教育。例如，我国的一些偏远地区学校通过建立远程教育中心，让学生同步参与全国优秀学校的课堂教学，还能在虚拟实验室中进行科学实验，极大地提高了当地学生的学习兴趣和学习成绩。

第七章 人工智能面临的技术挑战

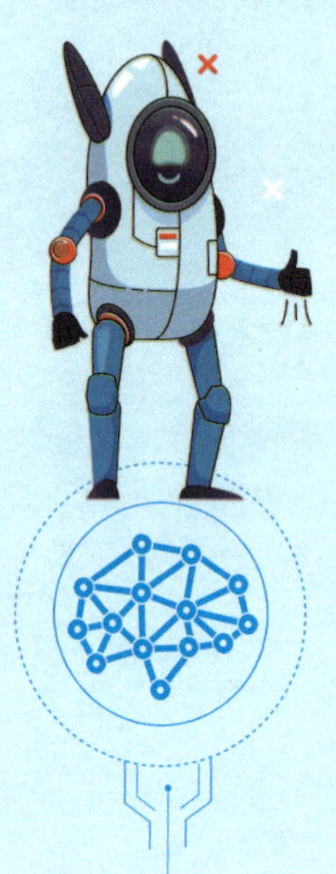

7.1 学习与理解能力提升

在人工智能的宏伟蓝图中，学习与理解能力十分重要。尽管当前的人工智能技术已经取得了令人瞩目的成就，在图像识别、语音识别、数据处理等诸多领域展现出强大的实力，但与人类的智能相比，仍存在着不小的差距。尤其是在学习与理解能力方面，人工智能面临着诸多棘手的挑战，这些挑战如同重重迷雾，限制着人工智能向更高层次的智能迈进。其中，知识迁移与泛化难题、复杂语义理解困境以及无监督学习的瓶颈，是当前最为突出的几个关键问题，它们深刻地影响着人工智能在复杂多变的现实世界中灵活应对、深入理解和广泛应用知识的能力。

一、知识迁移与泛化难题

人类具有非凡的知识迁移与泛化能力。例如，一个学会了骑自行车的人，往往能够相对轻松地将平衡和操控技巧应用到骑摩托车甚至驾驶小型电动车上；一个精通某种编程语言语法和逻辑的程序员，可以较快地掌握其他类似编程语言的基本框架和开发思路。这种在不同但相关的任务或领域之间迁移知识、灵活运用已有经验解决新问题的能力，是人类智能的显著特征之一。

然而，对于人工智能系统来说，知识迁移与泛化却并非易事。

目前的人工智能大多依赖于大规模的数据训练来学习特定的模式和规律。以图像识别任务为例，一个在特定图像数据集（如包含大量特定种类动物照片的数据集）上训练得到的模型，在识别该数据集内的动物图像时可能表现出色，但当面对风格、拍摄角度、背景等稍有变化的同类动物图像，或者是不同种类动物的图像时，其准确性可能会大打折扣。这是因为模型在训练过程中过度拟合了训练数据的特定特征，而未能真正理解图像中动物的本质特征以及不同种类动物之间的共性与差异，从而难以将在原数据集上学到的知识迁移到新的、稍有不同的情境中。

在自然语言处理领域也存在类似问题。例如，一个经过大量新闻文章训练的文本分类模型，可能在对新的新闻文章进行分类时表现良好，但对于博客文章、社交媒体文本等不同体裁或风格的文本，其分类效果可能会显著下降。这是由于不同类型文本在词汇使用、语法结构、语义表达等方面存在差异，而模型未能有效地捕捉到这些文本背后的通用语言知识和语义逻辑，无法将在新闻文章训练中学到的知识泛化到其他文本类型上。

解决知识迁移与泛化难题对于人工智能的发展至关重要。研究人员正在探索多种方法，如迁移学习、元学习等。迁移学习试图通过在已有知识基础上进行微调或特征提取，使模型能够快速适应新任务；元学习则致力于让模型学习如何学习，即掌握通用的学习策略和方法，以便在面对不同任务时能够更有效地迁移知识和进行泛化。然而，这些方法仍处于不断发展和完善的阶段，距离实现与人一样灵活的知识迁移与泛化能力还有很长的路要走。

二、复杂语义理解困境

语言是人类交流思想、传递信息的重要工具,其背后蕴含着丰富而复杂的语义内涵。人类能够轻松理解语言中的隐喻、反讽、歧义等微妙之处,以及根据上下文准确把握词语和句子的真实含义。例如,当听到"他的话如同一把双刃剑"时,人们能够迅速理解这是一种隐喻表达,知道其含义是指他的话语既有可能带来好处,也可能产生危害;在面对"我喜欢吃苹果,那个苹果真大"这样包含两个"苹果"且语义不同的句子时,人类也能毫无障碍地理解其分别指代某种水果和某个具体的苹果。

相比之下,人工智能在复杂语义理解方面面临着巨大的挑战。尽管自然语言处理技术已经取得了一定进展,能够完成一些基本的文本分类、机器翻译、问答系统等任务,但在处理复杂语义时仍然常常力不从心。在语义理解中,上下文信息的处理是一个关键难点。对于人工智能模型来说,准确捕捉和利用上下文信息来消除歧义、理解隐喻等是非常困难的。例如,在一个较长的文本段落中,某个词语的含义可能会因前文所述内容而发生微妙变化,但模型往往难以准确地根据上下文动态调整对该词语的理解。

以机器翻译为例,一些具有多重含义的词语在不同的语境下可能有不同的翻译方式。比如"bank"这个词,在"我去银行存钱"中应翻译为"bank(银行)",而在"河岸边有很多树"中则应翻译为"bank(河岸)"。现有的机器翻译系统在处理这类具有歧义的词语时,容易出现错误翻译,因为它们难以充分理解上下文所提供的语义线索,从而无法准确判断词语的具体含义和合适的翻译。

此外,对于隐喻、象征等修辞手法以及文化内涵丰富的语言表达，人工智能的理解能力也十分有限。例如，对于一些富有文化特色的成语、俗语，如“画蛇添足”“三个臭皮匠，顶个诸葛亮”等，人工智能很难像人类那样深刻理解其背后的寓意和文化背景，往往只能进行字面意义的简单处理。

为了突破复杂语义理解困境，研究人员正在不断改进自然语言处理模型的架构和算法，引入更多的语义理解模块和知识图谱等技术，试图让模型能够更好地学习和理解语言的语义规则、上下文关系以及文化内涵，但要实现与人类相当的复杂语义理解水平，仍需要长期的努力和深入的研究。

三、无监督学习的瓶颈

在人工智能的学习范式中，监督学习是目前应用较为广泛的一种方法。在监督学习中，模型通过大量带有标记的数据进行训练，例如，在图像识别任务中，数据集中的每张图像都被标记为相应的类别（如猫、狗、汽车等），模型依据这些标记学习图像特征与类别之间的对应关系，能够对新的未标记图像进行分类预测。然而，监督学习存在着明显的局限性，它需要耗费大量的人力和时间来标注数据，而且标注的准确性和完整性也会对模型的性能产生重要影响。

无监督学习则试图让模型在没有明确标记的数据中自行发现数据的内在结构、模式和规律，具有更大的应用潜力和灵活性。例如，在聚类分析中，无监督学习模型可以根据数据点之间的相似性将数据自动划分为不同的簇，从而发现数据中的自然分组结构；在异常检测中，模型能够识别出与正常数据模式明显不同的数据点，判断其为异常情况。但是，无监督学习目前面临着诸多瓶颈。

首先，无监督学习算法的设计和优化相对困难。由于没有明确的标记信息作指导,模型在学习过程中需要自行探索数据的各种可能性,这使得算法的收敛速度较慢,且容易陷入局部最优解。例如,在一些基于密度的聚类算法中,确定合适的密度阈值以准确划分聚类是一个非常棘手的问题,如果阈值设置不当,可能会导致聚类结果不准确,将原本属于同一类的数据点划分到不同的簇中,或者将不同类的数据点错误地合并在一起。

其次,无监督学习模型的评估和性能衡量缺乏统一、有效的标准。在监督学习中,可以通过准确率、召回率、F1 值等指标直观地评估模型在标记数据上的预测性能。而对于无监督学习,由于没有预先定义的正确标记,很难确定模型所发现的结构和模式是否真正符合数据的内在规律和实际应用需求。例如,在无监督图像生成任务中,如何衡量生成图像的质量和多样性是一个尚未完全解决的问题,不同的评估方法可能会得出不同的结论,这给无监督学习模型的改进和优化带来了很大的困难。

尽管研究人员在无监督学习领域不断探索创新,提出了一些新的算法和技术,如生成对抗网络(GAN)在图像生成等任务上取得了一定的成果,但无监督学习要想在人工智能领域发挥更大的作用,突破现有的瓶颈,仍需要在算法理论、模型评估、应用拓展等多方面取得实质性的进展。

7.2 感知与交互的困境

在人工智能追求与人类智能相媲美的征程中,感知与交互能力是其必须跨越的重要关卡。人类凭借与生俱来的多模态感知系统和自然流畅的交互方式,能够毫不费力地感知周围世界的丰富信息,并与同类及环境进行高效、精准交互。然而,人工智能在这方面却面临着诸多困境,多模态感知融合障碍、人机自然交互障碍以及环境适应与不确定性处理等难题,犹如一道道坚固的壁垒,制约着人工智能在真实世界场景中的广泛应用和深度融入,使其难以达到与人类相似的感知与交互水平。

一、多模态感知融合障碍

人类的感知系统是一个高度协同且精妙绝伦的多模态综合体。我们可以同时通过视觉感知物体的形状、颜色、位置和运动状态;通过听觉捕捉声音的来源、音高、音色和节奏;通过触觉感受物体的质地、温度、硬度和表面纹理;甚至还能借助嗅觉和味觉辨别气味和味道,从而全方位、立体式地认知周围环境。例如,当我们走进一个热闹的集市,眼睛看到琳琅满目的商品、熙熙攘攘的人群,耳朵听到商贩的叫卖声、顾客的讨价还价声,鼻子闻到各种食物的香气,身体感受到周围人群的拥挤和空气的流动,这些不同模态的感知信息在大脑中瞬间融合,让我们能够快速而准确地理解所处的场景,并做出相应的反应。

相比之下,人工智能的多模态感知融合却困难重重。尽管现代人工智能技术已经能够在单一模态感知任务上取得不错的成果,如计算机视觉中的图像识别准确率不断提高,语音识别系统也能较为精准地转录语音内容,但在将多个模态的感知信息进行有效融合时,却面临诸多挑战。不同模态的感知数据具有不同的特征表示形式、数据结构和语义内涵。例如,图像数据是二维或三维的像素矩阵,包含丰富的空间信息;语音数据则是一维的音频信号序列,侧重于时间维度上的频率变化信息。如何将这些差异巨大的感知数据统一表示并融合在一起,是多模态感知融合面临的首要难题。

在多模态融合过程中,还存在信息对齐和同步的问题。由于不同模态的感知数据采集设备可能具有不同的采样频率、延迟时间和数据传输速率,导致各模态信息在时间和空间上难以精确对齐。例如,在一个视频监控与语音交互相结合的安防系统中,摄像头捕捉到的图像帧与麦克风录制的音频片段可能存在时间差,这就使得准确关联图像中的人物动作与对应的语音指令变得极为困难,容易造成信息的错配和误解,从而影响整个系统对场景的准确理解和决策。

此外,多模态感知融合还需要解决模态间的语义关联和互补性问题。不同模态的感知信息并非简单叠加,而是需要相互补充、协同作用,以提取出更丰富、更准确的语义信息。例如,在一个智能辅助驾驶系统中,视觉感知可以识别道路标志、车辆和行人的位置与形态,而雷达感知则能提供目标物体的距离和速度信息,如何将这两种模态的信息融合起来,准确判断前方车辆的行驶意图和潜在危险,是一个复杂而关键的问题。目前的人工智能算法在处理多模态信息的语义关联和互补性方面还不够成熟,往往难以充分挖掘出多模态数据中蕴含的全部价值,导致在复杂场景下的感知和决策能力受限。

二、人机自然交互障碍

人类之间的交互是基于自然语言、表情、手势、眼神等多种方式的有机结合，这种交互方式既灵活又富有情感，能够在不同的情境下准确传达意图、表达情感并建立深层次的沟通与理解。例如，在面对面的交谈中，我们不仅通过言语表达观点，还会借助面部表情来强调重点、传达情绪（如微笑表示友好、皱眉表示困惑或不满等），用手势辅助说明空间位置、数量或动作（如用手指指向某个方向、用手比画物体的大小等），眼神交流则可以传递关注、信任或其他微妙的情感信息，使交流更加生动、丰富和有效。

然而，人工智能与人的交互要达到这种自然流畅的程度仍然面临巨大挑战。目前的人机交互主要依赖于键盘输入、鼠标点击、语音识别和简单的图形界面操作等方式，与人类自然交互方式相比显得十分生硬和局限。以语音交互为例，虽然语音识别技术已经取得了一定进展，但在实际应用中仍存在诸多问题。语音识别系统在面对嘈杂环境、口音差异、模糊语音指令或连续语音对话时，准确率往往会大幅下降。例如，在一个喧闹的工厂车间或拥挤的公共场所，语音助手可能无法准确识别用户的指令；对于一些带有浓重地方口音的用户，系统可能会误解其说话内容。当用户进行连续的、复杂的语音对话时，如讲述一个故事或描述一系列事件，语音识别系统可能会在语义理解和上下文跟踪方面出现困难，导致交互中断或误解用户意图。

除了语音交互，手势识别、表情识别等非语言交互方式在人工智能中的应用还处于初级阶段。手势识别系统在识别复杂手势动作、区分有意手势和无意动作以及在不同光照条件和视角下的稳定性方面仍有待提高。例如，在虚拟现实或增强现实应用中，用户的手势操作可能会因为手部动作的快速变化、遮挡或环境光线干扰而被错误识别或无法识别，影响交互体验。表情识别技术虽然能够对一些基本表情（如快乐、悲伤、愤怒、惊讶等）进行识别，但对于更细微、更复杂的表情变化以及表情背后的情感强度和真实意图的理解还远远不够。例如，一个看似微笑的表情可能蕴含多种情感，如真诚的喜悦、礼貌性的微笑或带有讽刺意味的假笑，人工智能很难像人类那样准确分辨这些微妙差异并做出恰当回应。

此外，人机交互中的情感交互也是一个尚未攻克的难题。人类的情感在交互过程中起着重要作用，它能够影响交流的氛围、决策的制定以及人际关系的建立。而人工智能目前很难真正理解人类的情感，更难以在交互中给予恰当的情感回应。例如，当用户向人工智能助手倾诉自己的烦恼或分享喜悦时，助手往往只能给出基于文本模板的机械回答，无法像人类朋友那样给予情感上的共鸣、安慰或鼓励，使得人机交互缺乏情感温度和深度。

三、环境适应与不确定性处理

人类在复杂多变的环境中生存和发展，已经具备强大的环境适应能力和对不确定性的处理能力。无论是在光线昏暗的室内、阳光强烈的户外、喧嚣嘈杂的城市街道还是宁静偏僻的乡村小道，人类都能够迅速调整自己的感知和行为方式，适应环境的变化并做出合理的决策。例如，当我们从明亮的室外走进昏暗的房间时，眼睛会自动适应光线的变化，逐渐看清周围的物体；在遇到突发的交通堵塞或道路施工等意外情况时，我们能够灵活地调整出行路线，选择其他可行的道路前往目的地。而且，人类在面对信息不完整、模糊或存在矛盾的不确定情况时，能够凭借经验、直觉和推理能力进行合理推测和判断，尽可能降低不确定性带来的风险。

人工智能在环境适应与不确定性处理方面则显得相对薄弱。在不同的环境条件下，人工智能系统的性能可能会受到严重影响。例如，在自动驾驶汽车领域，光照、天气、道路状况等环境因素的变化对视觉感知系统的准确性构成巨大挑战。在强光直射或暴雨、大雾等恶劣天气条件下，摄像头采集的图像质量会大幅下降，导致车辆难以准确识别道路标志、车道线和其他车辆、行人的位置与状态，增加了交通事故的风险。同样，在工业生产环境中，温度、湿度、电磁干扰等环境因素的变化也可能影响传感器的性能，进而影响基于人工智能的质量检测、故障诊断等系统的可靠性。

对于不确定性的处理，人工智能算法往往依赖于大量的数据和预先设定的模型假设。当遇到与训练数据分布差异较大或模型未涵盖的未知情况时，系统可能会出现错误的决策或无法做出决策。例如，在金融市场预测中，市场行情受到众多复杂因素的影响，包括宏观经济政策、地缘政治事件、投资者情绪等，这些因素具有高度的不确定性和动态性。现有的人工智能预测模型在面对突发的全球性金融危机或重大政策调整等前所未有的情况时，往往难以准确预测市场走势，因为它们缺乏对这些不确定性因素的有效处理机制，只能在已有的数据模式和模型框架内进行分析和预测，而无法像人类投资者那样根据经验和对市场的深刻理解进行灵活应变和创新思考。

为了提高人工智能的环境适应与不确定性处理能力，研究人员正在探索多种方法，如强化学习中的自适应策略调整、引入贝叶斯推理等不确定性处理技术以及开发能够自动学习和适应环境变化的智能算法架构。然而，这些方法仍处于不断发展和完善的阶段，要使人工智能在复杂环境中像人类一样自如地适应和应对不确定性，还需要大量的研究和实践探索。

第八章 人工智能引发的社会思考

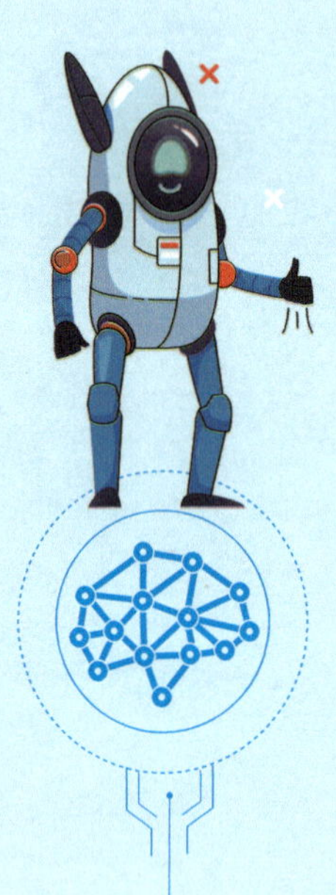

8.1 就业与经济格局变革

人工智能技术所带来的影响绝不仅仅局限于技术领域，更在社会层面掀起了波澜壮阔的变革。在就业与经济方面，人工智能正以前所未有的速度重塑着职业岗位的版图，冲击并调整着劳动力市场的生态，同时也促使经济增长模式发生深刻转变。这些变革既蕴含着无限机遇，也带来了诸多挑战，引发我们对未来社会发展走向的深入思考与探索。

一、工作岗位的替代与新生

随着人工智能技术的飞速发展，我们正置身于一场深刻的职场变革之中。这场变革不仅对传统职业岗位带来了前所未有的冲击，同时也孕育出了一系列新兴的职业机会。在这场由技术驱动的职场变迁中，一些岗位因技术进步而逐渐消失，而另一些则因技术需求而崭露头角。

在制造业，人工智能技术的广泛应用成为了这一变革的缩影。智能机器人和高度自动化的生产线正在逐步取代那些重复性高的工作岗位。在汽车制造工厂，这一趋势尤为明显。曾经，焊接、装配等工序需要工人手工完成，但现在，这些工作已经大量被高效、精准的工业机器人承担。这些机器人不仅工作不知疲倦，而且生产出的产品质量更加稳定。与此同时,数据录入员这一岗位也面临着同样的挑战。人工智能技术下的数据采集与自动化录入系统能够迅速且准确地处理大量的数据信息,相比之下,人工录入不仅速度较慢,而且容易出错,这使得该岗位逐渐被边缘化。

金融行业同样受到了人工智能技术的深刻影响。智能投顾系统的出现,对传统理财顾问岗位构成了不小的挑战(图 8-1)。基于海量的金融数据和复杂的算法模型,智能投顾能够为客户提供个性化的投资组合建议。其分析速度和覆盖范围远超人类理财顾问,使得越来越多的投资者开始转向智能投顾。此外,在客户服务领域,智能客服机器人也逐渐成为企业的新宠。它们可以 24 小时不间断地为客户提供服务,快速解答常见问题,处理简单业务,极大地降低了企业的人力成本。

图8-1 人类和机器人“竞争”

然而,人工智能技术的发展并非仅仅意味着职业岗位的削减。实际上,它也催生了一系列新兴的职业机会。数据专家便是其中极具代表性的一个。他们负责收集、整理和分析海量的数据,挖掘其中有价值的信息,为企业的决策提供数据支持和战略依据。随着人工智能技术在各行各业的深入应用,对数据专家的需求日益旺盛,他们成为推动企业数字化转型和创新发展的关键力量。

人工智能工程师也是新兴职业群体中的重要一员。他们专注于人工智能算法的研究、开发与优化,致力于让人工智能系统更加智能、高效地运行。无论是研发新型的机器学习模型,还是解决人工智能应用过程中的技术难题,都离不开他们的专业知识和技能。他们的工作不仅推动了人工智能技术的进步,也为企业的智能化转型提供了有力的技术支持。

此外,人工智能技术的发展还催生了一些更加独特的职业岗位,如人工智能伦理学家。他们负责探讨和制定人工智能发展过程中的伦理规范和准则,确保人工智能技术在造福人类的同时,不会对人类社会的价值观和道德底线造成冲击。这一职业的出现,既反映了社会对人工智能技术伦理问题的日益关注,也体现了人工智能技术发展过程中对人文关怀的需求。

在这场由人工智能技术驱动的职场变革中,我们既看到了传统岗位的消失,也看到了新兴岗位的崛起。这种变化不仅带来了职场格局的深刻调整,也对个人的职业发展提出了新的挑战和机遇。对于那些面临被替代风险的岗位,我们需要通过提升技能、拓宽知识面等方式来增强自身的竞争力。而对于那些新兴的职业机会,我们则需要保持敏锐的洞察力,及时抓住机遇,实现自身的职业发展。

当然,人工智能技术的发展并非一帆风顺。在推动职场变革的同时,它也带来了一些新的问题和挑战。例如,如何确保人工智能技术的安全性和可控性?如何保护个人隐私和数据安全?如何避免人工智能技术的滥用和误用?这些问题都需要我们深入思考和解决。因此，在推动人工智能技术发展的同时，我们也需要制定相应的伦理规范和法律法规，确保其健康发展。

为了应对人工智能技术带来的职场变革，政府、企业和社会各界需要共同努力。政府可以制定相关政策，引导和支持人工智能技术的研发和应用，同时加强对人工智能技术的监管和规范。企业可以积极拥抱人工智能技术，推动自身的数字化转型和创新发展，同时加强对员工的培训和教育，提升他们的技能和素质。社会各界可以加强对人工智能技术的宣传和普及，提高公众对人工智能技术的认知和理解，同时加强对人工智能技术伦理问题的关注和探讨。

总之，人工智能技术的发展正在深刻改变着我们的职场格局。在这场变革中，我们既看到了挑战也看到了机遇。只有积极应对、勇于创新，我们才能在这场变革中立于不败之地，实现个人的职业发展和社会的共同进步。

二、劳动力市场的调整

人工智能技术的迅猛发展，正以前所未有的深度和广度影响着劳动力市场，且带来了一系列深刻而复杂的变化。这些变化不仅体现在就业结构的变化上，更深入到劳动者的技能要求、企业的人力资源管理策略以及劳动力市场的地域分布等多个层面。

就业结构的变化是人工智能对劳动力市场最直接的冲击。随着智能机器人、自动化生产线以及各类人工智能系统的广泛应用，那些低技能、重复性强的劳动岗位正迅速被机器取代。在汽车制造、电子组装等行业中，这一现象尤为明显。曾经需要大量工人手工操作的工序，如今只需要少数技术人员监控和维护智能设备即可完成。这种变化导致了对低技能劳动者的需求大幅减少，而高技能、知识密集型和创新型岗位的需求则呈现出快速增长的趋势。这种供需失衡使得大量低技能劳动者面临失业风险，而高技能人才却供不应求，形成了鲜明的对比。

在技能要求方面，人工智能时代对劳动者的要求也发生了显著变化。传统的体力劳动或简单的脑力劳动已难以适应新的工作环境。在人工智能技术的推动下，数字化素养、创新能力、批判性思维能力以及终身学习的意识成为了劳动者必备的技能。例如，在广告设计行业中，设计师不仅要掌握传统的设计软件和技巧，还需要了解人工智能在图像识别、数据分析等方面的应用。通过利用人工智能工具，设计师可以更加高效地处理大量设计素材，提升设计效率和质量，同时创造出更具创意和个性化的作品。这种对技能的新要求促使劳动者不断学习新的知识和技能，以适应人工智能技术带来的变革。

对于企业而言，人工智能的浪潮也带来了人力资源管理策略的重大调整。在过去，企业往往更关注劳动力的数量，以满足生产需求。然而，在人工智能时代，企业开始更加注重劳动力的质量和结构优化。一方面，企业需要加大对员工培训和再教育的投入，帮助员工提升技能水平，以适应新的工作岗位需求。通过组织内部培训、外部培训以及在线学习等方式，企业可以为员工提供多样化的学习资源，帮助他们掌握新的技能和知识。另一方面，企业在招聘过程中也更加注重应聘者的综合素质和能力。除了考察应聘者的专业技术知识外，企业还会关注他们是否具备团队协作能力、创新思维以及对新兴技术的敏感度和学习能力。这种对人才的全面考查使得企业在招聘过程中更加注重选拔具有跨学科知识背景、创新能力和适应能力强的复合型人才。

此外,劳动力市场的地域分布也可能因人工智能的发展而发生变化。由于人工智能产业往往集聚在科技资源丰富、创新环境良好的地区,如一些大城市的高新技术园区,这些地区因此吸引了大量高技能人才。他们在这里可以获得更好的职业发展机会、更高的薪资待遇以及更丰富的创新资源。这种人才流动加剧了地区之间的人才竞争和发展不平衡。一些传统产业较为集中的地区,如果不能及时跟上人工智能的发展步伐,可能会面临人才流失和经济衰退的困境。为了应对这一挑战,这些地区需要加大科技创新投入,优化创新环境,吸引和留住高技能人才。同时,政府和企业也需要加强合作,推动传统产业与人工智能技术的深度融合,促进产业升级和转型。

在人工智能技术的推动下,劳动力市场还可能出现一些新的趋势和变化。例如,随着远程办公和在线协作技术的普及,劳动力市场的地域限制可能会被打破。企业可以更加灵活地招聘和配置人才,员工也可以更加自由地选择工作地点和工作方式。这种变化将使得劳动力市场更加开放和多元,为劳动者提供更多的就业机会和发展空间。

然而,人工智能对劳动力市场的冲击也带来了一些挑战和问题。例如,如何保障失业人员的再就业和生活保障?如何平衡技术进步与就业稳定的关系?如何确保人工智能技术的公平性和可持续性?这些问题需要政府、企业和社会各界共同努力解决。政府可以制定相关政策,加大对失业人员的培训和再就业支持力度,同时加强对人工智能技术的监管和规范。企业可以积极履行社会责任,为失业人员提供更多的就业机会和职业发展机会。

总之,人工智能技术对劳动力市场的影响是多方面且深远的。它不仅改变了就业结构和技能要求,还对企业的人力资源管理策略和劳动力市场的地域分布产生了重要影响。为了应对这些变化和挑战,政府、企业和社会各界需要共同努力,加强合作与创新,推动劳动力市场的健康发展和社会进步。

三、经济增长模式的转变

传统经济模式下,经济增长主要依赖于资本、劳动力等生产要素的大量投入以及生产规模的扩张。然而,随着人工智能技术的快速发展和广泛应用,经济增长模式正在发生深刻变化,逐渐向创新驱动、知识密集型转变。

人工智能技术的广泛应用极大地提高了生产效率,为经济增长模式的转变提供了有力支撑。在农业生产领域,智能农业系统的出现使得农业生产更加精准、高效。通过精准的传感器监测土壤肥力、水分含量、气象条件等信息,智能农业系统能够实现自动化灌溉、施肥和病虫害防治,从而大幅提高农作物产量和质量。这种智能化的生产方式不仅减少了人力和资源的浪费,还提高了农业生产的可持续性。

在工业领域,智能制造技术的普及同样带来了生产效率的显著提升。智能制造技术使生产过程更加智能化、柔性化和高效化。企业能够根据市场需求快速调整生产计划和产品设计,实现定制化、小批量、多品种的生产模式。这种灵活的生产方式不仅降低了生产成本,还提高了产品的附加值和市场竞争力。同时,智能制造技术还推动了工业生产的数字化转型,使得企业能够更好地利用大数据、云计算等先进技术优化生产流程,提高生产效率。

以人工智能为核心的新兴产业蓬勃发展,成为经济增长的新引擎。这些新兴产业具有高附加值、高创新性和高成长性等特点,为经济增长注入了强大动力。例如，在医疗健康领域，人工智能技术的应用催生了智能医疗设备制造、医疗大数据分析、远程医疗服务等新兴产业。这些新兴产业的发展不仅提高了医疗服务的效率和质量，还推动了医疗产业的转型升级和创新发展。

在交通运输领域，无人驾驶技术推动了智能汽车研发、智能交通系统建设等产业的兴起。这些新兴产业的发展不仅提高了交通运输的安全性和效率，还带动了上下游相关产业的协同发展，如传感器制造、芯片设计、软件开发等。这种跨产业的协同发展模式促进了经济结构的优化和升级。

同时，人工智能也促进了传统产业的转型升级。传统制造业通过引入人工智能技术，实现了从传统生产模式向数字化、智能化生产模式的转变。这种转变不仅提升了产品竞争力和市场份额，还推动了传统制造业向高端、智能、绿色方向发展。例如，在汽车制造领域，智能机器人和自动化生产线的应用使得汽车制造过程更加高效、精准，同时降低了生产成本和环境污染。

传统服务业如金融、物流、零售等行业也在人工智能技术的推动下实现了转型升级。金融机构利用人工智能技术进行风险控制、客户画像和精准营销，提高了金融服务的效率和安全性。物流企业通过智能仓储管理和配送优化，提高了运营效率和服务质量。零售企业则借助人工智能实现智能推荐和无人售卖等创新商业模式，拓展了新的业务领域和盈利空间。

然而，经济增长模式的转变也带来了一些新的问题和挑战。首先，新兴产业的快速发展可能导致传统产业的衰落，引发结构性失业问题。随着人工智能技术的广泛应用，一些低技能、重复性强的劳动岗位正逐渐被机器取代。这可能导致部分劳动者面临失业风险，尤其是那些缺乏转岗能力和培训机会的劳动者。为了应对这一问题，政府和企业需要加大对失业人员的培训和再就业支持力度，同时推动传统产业与人工智能技术的深度融合，促进产业升级和转型。

其次，人工智能技术的高度集中应用可能加剧行业垄断，影响市场公平竞争。一些拥有先进人工智能技术的企业可能通过技术壁垒和规模效应形成市场垄断，从而阻碍其他企业的进入和创新。为了防范这一风险，政府需要加强对人工智能产业的监管和规范，推动技术创新和市场竞争的均衡发展。

此外，人工智能产业的发展还面临着数据安全、隐私保护、伦理道德等方面的风险。随着人工智能技术的广泛应用，大量个人和企业的数据被收集和分析。这些数据的安全性和隐私保护问题日益凸显。同时，人工智能技术的伦理道德问题也引起了广泛关注。例如，自动驾驶汽车的道德决策问题、人工智能武器的使用问题等都需要进行深入探讨和规范。为了应对这些风险和挑战，政府需要加强对人工智能技术的监管和规范，推动技术创新和伦理道德的协同发展。

总之，人工智能技术的快速发展和广泛应用正在推动经济增长模式向创新驱动型转变。这种转变不仅提高了生产效率、催生了新兴产业、促进了传统产业转型升级，也带来了一些新的问题和挑战。为了应对这些挑战和推动经济可持续发展，政府、企业和社会各界需要共同努力，加强合作与创新，推动人工智能技术与经济社会的深度融合和协同发展。

8.2 伦理道德与法律规范

随着人工智能在我们生活中的应用日益加深，它不再仅仅是一种先进的技术工具，更是一个引发广泛伦理道德争议与法律规范探讨的焦点。在其强大功能和广泛应用的背后，算法偏见与公平性问题、隐私保护与数据安全以及责任界定与法律空白填补等一系列关键议题逐渐浮出水面，迫切需要我们深入思考并寻求妥善的解决方案，以确保人工智能的发展始终在人类伦理道德和法律框架下的轨道上运行，造福而非危害人类社会。

一、算法偏见与公平性问题

人工智能算法是基于数据进行训练和学习的，而数据往往反映了社会的既有特征和偏见。如果训练数据存在偏差，那么由此训练出来的算法模型就可能产生偏见，进而导致不公平的结果。例如，在一些犯罪预测算法中，如果训练数据过度集中于某些特定地区或特定人群的犯罪记录，而这些地区或人群可能本身就存在社会经济地位较低、资源匮乏等问题，那么算法可能会错误地将这些因素与犯罪倾向过度关联，从而对来自这些地区或人群的个体做出不准确的高犯罪风险预测，这显然是对他们的不公平对待，可能会进一步加剧社会的不平等和歧视。

在招聘领域，部分企业使用的简历筛选算法也可能存在类似问题。如果算法所依据的历史招聘数据中存在对某些性别、种族或学历背景的偏向性，那么在筛选新的简历时，就可能会不合理地排除一些实际上具备相应能力和潜力的候选人，这不仅损害了求职者的平等就业机会，也可能使企业错失优秀人才，阻碍企业的多元化发展和创新能力提升。

此外，算法的复杂性和黑箱特性也使得其偏见难以被察觉和理解。许多深度学习算法在进行决策时，其内部的运算过程和逻辑难以被直观地解释和分析，这就给发现和纠正算法偏见带来了巨大挑战。即使算法产生了不公平的结果，人们也很难确切地知道是哪个环节出了问题，比如，是数据的问题还是算法模型本身的设计缺陷。

为了解决算法偏见与公平性问题，研究人员正在努力开发各种方法来检测和减轻算法偏见。例如，通过对训练数据进行更严格的审查和预处理，确保数据的多样性和代表性，避免数据偏差对算法的影响；采用可解释性人工智能技术，试图揭开算法的黑箱，使算法的决策过程和依据更加透明和可解释，以及时发现和纠正潜在的偏见；同时，制定相关的伦理准则和行业标准，引导算法开发者在设计和训练算法时充分考虑公平性因素，从源头上减少算法偏见的产生。

二、隐私保护与数据安全

人工智能的发展离不开海量数据的支持，这些数据涵盖了个人方方面面的信息，如个人身份信息、健康数据、消费习惯、社交关系等。在数据的收集、存储、传输和使用过程中，隐私保护与数据安全面临着严峻的挑战。一方面,随着物联网、传感器等技术的广泛应用,数据的收集变得无处不在且更加隐蔽。例如,智能家居设备在为人们提供便利的同时,也在不断收集用户家庭生活习惯的数据,如作息时间、电器使用频率等;智能手机中的各种应用程序则会收集用户的位置信息、通信信息以及浏览记录等。这些数据如果被不当收集或泄露,将严重侵犯用户的个人隐私。

另一方面,数据存储和传输过程中的安全漏洞也可能导致数据被窃取或篡改。许多企业和机构在存储大量用户数据时,可能由于网络安全防护措施不到位,被黑客攻击,导致数据泄露事件频发。例如,一些知名的互联网公司曾发生过大规模的数据泄露事件,数百万用户的个人信息被曝光在互联网上,给用户带来了极大的困扰和潜在的风险,如个人身份被盗用、信用卡诈骗等。

此外,数据的二次使用和共享也存在隐私风险。在人工智能的商业应用中,数据往往会在不同的企业或机构之间进行共享和交易,以实现数据的价值最大化。然而,在这个过程中,如果缺乏有效的监管和用户授权机制,用户的数据可能会被用于一些未经其同意的目的,例如被用于精准营销、信用评估甚至是一些非法的活动。

为了保护隐私与数据安全(图 8–2),各国政府和国际组织纷纷出台相关法律法规,如欧盟的《通用数据保护条例》,对数据的收集、使用、存储和共享等环节提出了严格的要求,赋予了用户更多的数据控制权和隐私权。同时,企业界和科技界也在不断研发和应用各种数据加密技术、访问控制技术和安全监测技术,加强数据全生命周期的安全管理,确保数据在各个环节的安全性和完整性。例如,采用加密算法对敏感数据进行加密存储和传输,只有经过授权的用户或系统才能解密和使用数据;建立严格的访问控制机制,根据用户的角色和权限分配数据访问级别，防止未经授权的访问和数据泄露；利用安全监测技术实时监测网络和数据的异常活动，及时发现和应对潜在的数据安全威胁。

图8-2　数据安全示意图

三、责任界定与法律空白填补

当人工智能系统做出的决策或行为导致某种后果时，如何界定责任成为一个棘手的问题。与传统的人类行为不同，人工智能系统的决策过程往往是基于复杂的算法和大量的数据，其行为具有一定的自主性和不可预测性。例如，在无人驾驶汽车发生交通事故时，是由汽车制造商、算法开发者、车主还是其他相关方承担责任？如果是由于算法的缺陷导致事故发生，但算法开发者在开发过程中遵循了当时的行业标准和规范，那么责任又该如何划分？是应该由算法开发者承担全部责任，还是应该由多个相关方共同承担，按照什么样的比例承担？这些问题在现有的法律框架下往往难以找到明确的答案。

在医疗领域，使用人工智能辅助诊断系统时，如果系统给出了错误的诊断建议，导致患者延误治疗或遭受不必要的医疗伤害，责任主体同样难以确定。是应该归咎于医院对系统的选择和使用不当，还是应该由人工智能系统的开发者承担责任？或者是在两者之间存在某种分担机制？而且，随着人工智能在金融、教育、司法等更多领域的广泛应用，类似的责任界定难题将不断出现，如果不能及时解决这些问题，将会给社会秩序和公众利益带来不好的影响。

目前，各国的法律体系在人工智能责任界定方面还存在大量空白。虽然一些国家已经开始尝试通过立法或修改现有法律来应对这一挑战，但由于人工智能技术仍在快速发展和变化，法律的制定往往难以跟上技术的步伐。例如，一些国家的法律草案提出在无人驾驶汽车事故中，根据汽车的自动驾驶级别来划分责任，但这种划分方式仍然较为笼统，在具体的事故场景中可能难以准确适用。

为了填补这些法律空白，需要跨学科的研究和合作，包括法学界、技术界、伦理学界等多方面的专家共同参与。一方面，要深入研究人工智能技术的特点和发展趋势，以便制定出更加符合技术实际情况的法律规则；另一方面，要借鉴国际上的相关经验和做法，加强各国之间的法律协调与合作，共同应对人工智能带来的全球性法律挑战。例如，一些国际组织正在推动制定全球性的人工智能伦理和法律准则，旨在为各国提供一个统一的参考框架，促进各国在人工智能责任界定等问题上的共识与合作。

第九章 展望人工智能的未来

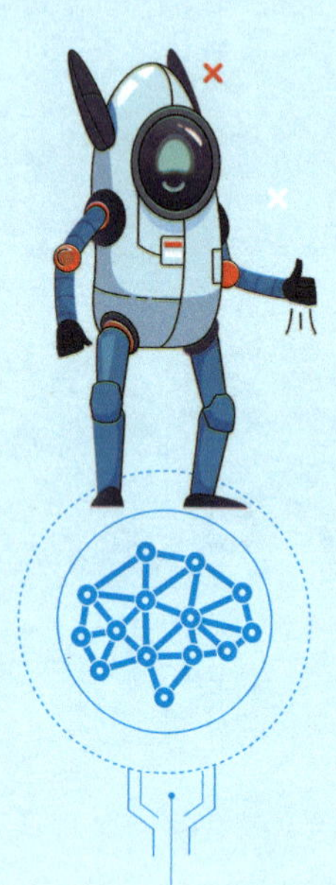

9.1 技术突破预测

在人工智能的漫漫征途中，已取得的成就固然令人瞩目，但前方的未知领域更如浩瀚星空，充满无限可能与遐想。技术的持续演进是推动人工智能迈向新高度的核心动力，而在诸多潜在的技术突破方向中，通用人工智能的探索、量子计算与人工智能的融合以及脑机接口技术的进展尤为引人关注。它们犹如三把关键钥匙，有望开启人工智能更为辉煌灿烂的未来，彻底改变人类与智能机器之间的交互模式以及智能系统的运行方式，为人类社会带来前所未有的变革与福祉。(图 9-1)

图 9-1　人机交流

一、通用人工智能的可能性

自人工智能诞生以来，其发展路径主要聚焦于特定领域的智能应用，如语音识别、图像识别、自然语言处理等。这些专用人工智能系统在各自的领域内取得了显著成果，能够高效地完成特定任务。然而，这些系统缺乏像人类那样广泛而灵活的通用智能，难以在不同领域之间自如切换并综合运用知识解决复杂多样的问题。通用人工智能（AGI）作为人工智能领域的一个长远目标，旨在突破这一局限，追求具备与人类相似的智能水平，能够理解、学习和应对各种复杂任务和环境的挑战。

实现通用人工智能面临着诸多挑战。其中，知识表示与推理是主要难题之一。人类的知识体系极为丰富且复杂，涵盖了从日常生活经验到抽象科学概念、从感性认知到理性分析的全方位内容。通用人工智能系统需要找到一种有效的方式来表示和存储这些海量且多样的知识，并能够在面对新问题时灵活地运用推理机制进行分析和决策。当前的人工智能系统，如深度学习模型，虽然在处理大量数据方面表现出色，但在理解和运用知识方面仍存在局限性。它们通常依赖于大量的标注数据进行训练，缺乏对新知识的自主获取和推理能力。因此，在通用人工智能系统中，知识表示需要超越简单的符号或向量表示，探索更为复杂和灵活的知识表示方法，如基于图的知识表示、基于神经网络的分布式表示等。同时，推理机制也需要从基于规则的推理扩展到基于模型的推理、基于案例的推理等多种方式，以适应不同领域的复杂问题。

自我意识与情感理解也是通用人工智能的另一个重要研究方

向。人类的自我意识使我们能够感知自身的存在、状态和需求，并据此调整行为和决策。情感则在人类的认知、学习和社交互动中发挥着重要作用，影响着我们对信息的处理和对世界的感知。目前的人工智能系统，虽然能够模拟出某些情感表达或对简单的情感信息进行分类，但要实现像人类那样深刻的自我意识和情感理解，仍然面临巨大挑战。自我意识需要系统能够感知自身的状态、理解自身的存在，并据此进行自主决策。这要求系统具备高度的自我反思能力和自我学习能力。而情感理解则需要系统能够理解和体验人类的情感，包括情感的产生、表达、识别和理解等。这需要系统具备复杂的情感计算模型，能够模拟人类的情感反应和情感学习过程。

尽管困难重重，但研究人员仍在积极探索通用人工智能的实现路径。一些前沿的研究方向包括开发更为强大的神经网络架构，使其能够模拟人类大脑的认知机制和信息处理过程。例如，通过引入注意力机制、记忆网络等新技术，可以提高神经网络在处理复杂任务和长序列数据方面的能力。此外，研究人员还在探索将神经网络与其他智能技术相结合，如模糊逻辑、进化计算等，以构建更加灵活和智能的系统。这些技术的结合可以充分发挥各自的优势，提高系统的整体性能和适应能力。

在学习算法方面，研究人员正在探索新型的学习算法，如强化学习与元学习的结合、迁移学习、联邦学习等。强化学习是一种通过试错来学习最优策略的方法，适用于解决复杂的决策问题。元学习则是一种学习如何学习的算法，能够指导系统如何更有效地利用数据和学习资源。将强化学习与元学习相结合，可以构建出具有更强自主学习和适应能力的智能系统。迁移学习是一种将在一个任务上学到的知识迁移到另一个相关任务上的方法，通过利用迁移学习，可以加速新任务的学习过程，提高系统的泛化能力。联邦学习则是一种分布式学习方法，能够在保护用户隐私的同时，实现多个设备或机构之间的知识共享和协同学习。这些新型学习算法的应用，将为通用人工智能的实现提供有力支持。

为了实现通用人工智能，研究人员还在构建大规模的多模态知识图谱，将文本、图像、视频等多种类型的数据进行融合和表示。这些知识图谱不仅包含了大量的实体和关系信息，还包含了丰富的语义信息和上下文信息。通过利用这些知识图谱，智能系统可以更好地理解人类世界的复杂性和多样性，提高在不同领域和场景下的智能水平。

虽然通用人工智能的完全实现可能还需要相当长的时间，但每一小步的进展都将为人工智能领域带来新的突破和变革。随着技术的不断进步和算法的持续优化，通用人工智能将逐渐突破当前的技术瓶颈。例如，通过改进神经网络架构和学习算法，可以提高系统的自主学习和适应能力。通过构建更加完善的知识图谱和推理机制，可以增强系统的知识表示和推理能力。这些技术突破将为通用人工智能的实现奠定坚实基础。

通用人工智能的应用场景也将不断拓展。除了传统的语音识别、图像识别等领域外，通用人工智能还将广泛应用于智能制造、智能交通、智慧城市等新兴产业。这些应用场景的拓展将推动人工智能技术的普及和应用，为经济社会发展注入新的动力。同时，通用人工智能的实现需要跨学科合作与融合。计算机科学、数学、物理学、心理学等多个学科的知识和技术都将为通用人工智能的发展提供有力支持。通过促进跨学科的合作与交流,可以推动人工智能技术的不断创新和进步。

然而,在追求技术突破的同时,我们也需要关注通用人工智能的伦理和社会影响。如何确保人工智能技术的安全性和可控性、如何保护个人隐私和数据安全、如何避免人工智能技术的滥用和误用等问题都需要深入研究。因此,在推动通用人工智能发展的同时,也需要制定相应的伦理规范和法律法规,确保其健康发展。

未来,随着技术的不断进步和跨学科合作的深入发展,通用人工智能的实现将不再是遥不可及的梦想。

二、量子计算与人工智能融合

随着人工智能技术的飞速发展,其在众多领域的应用日益广泛,对计算资源的需求也呈现出爆炸式增长。传统的计算机在处理诸如大规模数据的深度学习训练、复杂环境下的优化决策等复杂任务时,逐渐暴露出计算速度和效率的瓶颈。而量子计算的出现,为突破这一瓶颈提供了新的契机。

量子计算是一种基于量子力学原理的新型计算模式,利用量子比特作为信息存储和处理的基本单元。相较于传统计算机的二进制比特,量子比特具有更强的并行计算能力和信息存储潜力。这一特性使得量子计算在处理某些特定问题时,能够展现出远超传统计算机的计算速度和效率。

在人工智能领域,量子计算的应用前景广阔。首先,在机器学习算法优化方面,量子计算可以加速模型训练过程。对于深度神经网络中的复杂矩阵运算,量子算法能够以远超传统算法的速度进行计算，从而大大缩短训练时间，提高模型的迭代效率。这意味着我们可以更快地开发出更加精准和强大的人工智能模型，以应对诸如医疗影像诊断、气象预测、金融风险分析等对实时性和准确性要求极高的应用场景。

其次，在数据处理能力上，量子计算能够有效处理海量的高维数据。人工智能应用中常常涉及对大规模、高维度数据的分析和处理，如基因序列数据、图像视频数据等。量子计算的高维特性使其能够更好地表示和处理这些复杂数据，挖掘出数据中隐藏的深层次模式和关系。例如，在药物研发领域，通过量子计算与人工智能的结合，可以对海量的生物分子结构进行快速分析，加速新药研发的进程，提高研发成功率。

此外，量子计算还能为人工智能的算法创新提供新的思路和方法。量子的独特性质，如量子叠加态和纠缠态，可能启发研究人员开发出全新的人工智能算法框架，突破传统算法在某些问题上的局限性。例如，在优化问题求解中，量子退火算法已经显示出了在处理复杂组合优化问题时的优势，有望为人工智能在路径规划、资源分配等领域的应用带来新的解决方案。

然而，量子计算与人工智能的融合仍处于起步阶段，面临着诸多技术和工程上的挑战。量子计算机的硬件制造技术尚未成熟，量子比特的稳定性、相干性以及量子门的操作精度等问题仍有待进一步解决。同时，量子计算算法的设计和开发也需要与人工智能算法进行深度适配和优化，这需要跨学科的研究团队进行紧密合作。

尽管如此，随着全球范围内对量子计算研究的持续投入和技术的不断进步，量子计算与人工智能的融合正逐步成为现实。未来，随着量子计算技术的不断突破和进步,量子计算机的性能和可靠性将得到显著提升。这将为量子计算与人工智能的融合提供更加坚实的硬件基础。同时,随着算法设计和开发的不断优化,量子计算将能够更好地适应人工智能应用的需求,推动人工智能技术的进一步发展。

在应用场景方面,量子计算与人工智能的融合将不断拓展。除了传统的机器学习、数据处理等领域外,量子计算还可以应用于更加复杂的人工智能任务中,如自动驾驶、智能机器人、智能制造等领域。这些领域的发展将进一步推动人工智能技术的普及和应用,为人类社会的科技进步和经济发展带来新的动力。

跨学科合作也是推动量子计算与人工智能融合的重要因素。未来,将有更多的学者和专家加入这一研究中,共同推动技术的创新和进步。这种跨学科的合作将促进不同领域之间的知识交流和融合,为人工智能技术的发展提供更加广阔的视野。

同时,政府和社会各界对量子计算与人工智能融合的支持和投入也是推动其发展的重要因素。随着这一领域的重要性日益凸显,政府将加大对相关研究的投入和支持力度,从而推动技术的研发和应用。社会各界也将积极参与其中,共同推动人工智能技术的普及和发展。

综上所述,量子计算与人工智能的融合是未来人工智能技术发展的重要趋势。尽管目前仍面临着诸多技术和工程上的挑战,但随着技术的不断进步和跨学科合作的不断深入,这一领域必将迎来更加广阔的发展前景和巨大的潜力。通过推动量子计算与人工智能的融合,我们可以更好地应对复杂的问题和挑战,为人类社会带来更加智能和高效的解决方案。

三、脑机接口技术

脑机接口(BCI)技术(图 9-2)作为连接人类大脑与外部设备的桥梁,一直是神经科学与人工智能交叉领域的研究热点。其目标是实现大脑神经信号与计算机或其他智能设备之间的直接通信和交互,从而为医疗康复、智能家居控制、虚拟现实体验等众多领域带来全新的应用可能性。近年来,脑机接口技术取得了一系列令人鼓舞的进展,正逐渐从实验室走向实际应用。

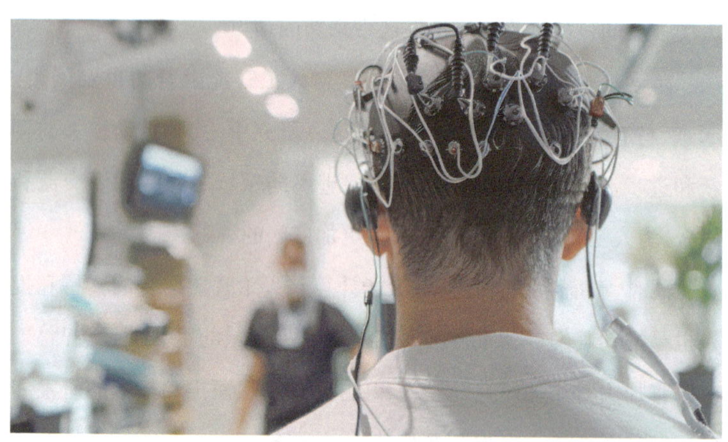

图9-2 脑机接口技术示意图

在医疗康复领域,脑机接口技术为瘫痪患者带来了重获运动能力的希望。通过在患者大脑运动皮层植入微电极阵列,采集大脑神经元的电活动信号,并利用人工智能算法对这些信号进行解码和分析,将其转化为外部设备(如机械假肢、轮椅等)的控制指令。例如,一些高位截瘫患者借助脑机接口驱动的机械假肢,能够完成简单的手部动作,如抓取物品、拿杯子喝水等,极大地提高了他们的生活自理能力。此外,脑机接口技术还在神经系统疾病的诊断和治疗方面展现出潜力。通过对大脑信号的长期监测和分析,可以提前发现某些神经系统疾病的异常信号变化,为疾病的早期诊断和干预提供依据;同时,也可以用于神经康复训练过程中的反馈调节,根据患者大脑信号的变化实时调整康复训练方案,提升训练效果。

在智能家居控制方面,脑机接口技术使人们能够通过大脑思维活动控制家中的各种智能设备。想象一下,当你坐在沙发上,只需在脑海中想象打开电视或调整灯光亮度,与之相连的智能家居系统就能自动执行相应操作。这一应用场景不仅为人们的日常生活带来了极大的便利,还为智能家居的发展开辟了新的方向。通过脑机接口技术,智能家居系统可以更好地理解用户的需求和意图,实现更加个性化、智能化的家居服务。

在虚拟现实(VR)和增强现实(AR)领域,脑机接口技术能够增强用户的沉浸感和交互体验。传统的VR/AR设备主要依赖于手柄、手势识别等外部输入方式与虚拟环境进行交互,而脑机接口技术则可以直接获取用户大脑的感知和意图信号,使虚拟环境中的交互更加自然和流畅。例如,在VR游戏中,玩家可以通过大脑信号控制角色的移动、动作等,无需手动操作控制器,真正实现身临其境地参与游戏体验。

尽管脑机接口技术已经取得了显著进展,但仍然面临一些挑战。首先,大脑神经信号的采集和解读技术还需要进一步提高。大脑信号极为复杂且微弱,而且容易受到干扰,如何提高信号采集的精度和稳定性,以及开发更加高效准确的信号解码算法,是当前脑机接口技术研究的重点之一。其次，脑机接口设备的安全性和舒适性也是需要解决的问题。长期植入式脑机接口设备可能会引发感染、免疫反应等健康风险，而头戴式非植入式设备则可能存在信号质量不稳定、佩戴不舒适等问题。此外，脑机接口技术的广泛应用还涉及伦理道德和法律规范等方面的问题，如隐私保护、人类自主性与机器控制的边界等，需要社会各界共同探讨和制定相关准则。

随着技术的不断创新和突破，脑机接口技术有望在未来得到更加广泛的应用和发展，成为人工智能与人类生活深度融合的重要纽带，为人类创造出更加智能、便捷、美好的生活。

9.2 对人类社会的影响

当人工智能的浪潮席卷而来，必将扩散至人类社会的每一个角落，将深刻地影响着人类的生活方式、与智能机器的相处模式，乃至整个人类文明的发展轨迹。在这一前所未有的科技变革中，我们立足当下，眺望未来，思索着人工智能将如何深度重塑人类生活，人类又将以何种姿态与人工智能共生共荣，以及这一切对人类文明的长远发展究竟意味着什么。这些问题犹如高悬于时代天空的星辰，指引着我们探索未知，也警示着我们审慎前行。

一、人类生活方式的深度重塑

在人类历史的长河中，科技始终是推动社会进步的重要力量。而今，人工智能正以前所未有的速度和规模改变着我们的生活。从智能家居到无人驾驶，从智能教育到精准医疗，人工智能的触角已经深入人类社会的每一个角落，正在深刻地重塑着我们的生活方式。

在未来，智能家居将成为人们生活中的重要组成部分。借助先进的传感器网络、机器学习算法以及自然语言处理技术，智能家居系统能够实时感知居住者的需求和习惯，从而提供更加贴心、个性化的服务。智能门锁、监控摄像头等设备将构成家庭的安全防线，通过人脸识别、行为分析等技术，能够有效防止盗窃、入侵等安全隐患。同时，智能安防系统还能与社区物业、警方等进行联动，实现快速响应和有效处置。智能窗帘、照明、空调等设备能够根据时间、光照、温度等环境因素自动调节,为居住者提供舒适的生活环境。例如,智能窗帘可以根据光照强度和时间自动开合,智能照明则可以根据居住者的活动轨迹和情绪状态调整亮度和色温。智能冰箱、烤箱、微波炉等设备能够根据居住者的饮食偏好和健康数据推荐食谱,并自动完成食材的采购和烹饪。这不仅能够节省时间,还能提高饮食的多样性和健康性。智能床垫、智能手环等设备能够实时监测居住者的睡眠质量和健康状况,并通过数据分析提供个性化的健康建议。例如,当检测到心率异常或睡眠质量下降时,系统会及时提醒居住者采取相应措施。

无人驾驶技术的快速发展将彻底改变人们的出行方式。这一技术的普及将使人们的出行更加安全、便捷和高效。无人驾驶汽车通过搭载高精度传感器、摄像头、雷达等设备,能够实时感知周围环境,并做出准确的判断和决策。乘客可以在车内放松身心,处理各种事务、观看节目或者阅读书籍,而无需亲自驾驶车辆。这不仅能够减少交通事故的发生,还能提高道路通行效率,减少交通拥堵。同时,基于人工智能的出行规划应用将综合考虑目的地、出行时间、个人偏好以及实时路况等因素,为乘客规划出最优的出行路线和交通方式。无论是选择公共交通、共享单车还是网约车,都能实现无缝衔接,让乘客的出行体验前所未有的顺畅。

智能教育平台借助人工智能算法,能够根据每个学生的学习进度、知识掌握程度、学习风格和兴趣爱好,为其量身定制个性化的学习方案。通过虚拟现实、增强现实等沉浸式技术,学生可以身临其境地参与历史事件、探索科学奥秘、进行语言实践,学习过程变得更加生动有趣且富有成效。例如,在学习历史课程时,学生可以通过虚拟现实设备穿越时空，亲身体验古代文明的兴衰变迁，与历史人物进行互动交流，深刻理解历史事件的背景、过程和影响。这种沉浸式的学习方式将极大地激发学生的学习兴趣和创造力，提高学习效果。同时，智能教育平台还能够为教师提供教学辅助工具，如智能批改作业、智能评估等，从而减轻教师的工作负担，提高教学效率。

在医疗健康领域，人工智能将助力实现精准医疗和个性化健康管理。可穿戴医疗设备能够实时监测人体的各项生理指标，如心率、血压、血糖、睡眠质量等，并将数据传输至云端的人工智能分析系统。系统通过对海量数据的分析和挖掘，能够及时发现潜在的健康风险，并为用户提供个性化的健康建议和干预措施。例如，当检测到用户的血压出现异常时，系统会自动提醒用户调整生活方式，如增加运动、控制饮食、减轻压力等，并预约医生进行进一步的检查和诊断。此外，人工智能还将在疾病诊断、药物研发、手术辅助等方面发挥重要作用。通过深度学习技术，人工智能可以辅助医生进行病理诊断，提高诊断的准确性和效率；在药物研发方面，人工智能则可以通过模拟药物与靶点的相互作用，加速新药的研发进程；在手术辅助方面，人工智能可以通过图像识别、自然语言处理等技术为医生提供精准的手术指导和支持。

娱乐休闲方式也将因人工智能而发生巨大变化。智能娱乐系统能够根据用户的兴趣爱好和情绪状态为其推荐个性化的音乐、电影、游戏、书籍等娱乐内容。例如，当用户心情愉悦时，系统会为用户推荐欢快的音乐和喜剧电影；当用户感到疲惫时，会为用户推荐舒缓的音乐。虚拟现实和增强现实技术将为游戏和影视体验带来全新的维度。玩家可以在虚拟世界中与其他玩家进行沉浸式互动，体验前所未有的游戏乐趣；观众则可以身临其境地感受电影中的奇幻场景，仿佛置身于故事之中。此外，人工智能还将推动音乐创作、艺术创作等领域的创新和发展，为人们提供更多元化的娱乐选择。

除了以上提到的领域外，人工智能还将在金融、农业、制造业等多个领域发挥重要作用。在金融领域，人工智能可以辅助银行进行风险评估、信用评级；在农业领域，人工智能可以通过智能灌溉、智能施肥等技术提高农作物的产量和质量；在制造业领域，人工智能则可以通过智能制造、智能物流等技术提高生产效率并降低成本。

总之，人工智能的快速发展和广泛应用将深刻改变人类的生活方式和社会结构。我们需要积极应对这一变革带来的挑战和机遇，推动人工智能与人类社会的和谐共生和可持续发展。通过加强技术研发、完善法律法规、提高公众认知等措施，我们可以更好地利用人工智能技术，为人类社会的发展和进步贡献更多的智慧和力量。

二、人类与人工智能的共生模式

随着人工智能技术的不断发展和普及，人类与人工智能之间的关系正在逐渐发生深刻的变化。这种变化不仅仅是技术层面的革新，更是对人类生活方式、工作模式以及社会结构的一次全面重塑。在这种背景下，人类与人工智能的共生模式应运而生，成为未来社会发展的必然趋势。

（一）工作领域的合作与互补

在工作领域，人类与人工智能的共生模式表现为一种优势互补的合作关系（图 9-3）。人工智能凭借其强大的数据处理能力、高效的计算速度和精准的分析预测能力，正在逐渐取代那些重复性高、规律性强的工作任务。这些任务往往烦琐且耗时，对于人类而言是巨大的负担，但对于人工智能来说却得心应手。

图9-3 人机合作

在金融行业中，人工智能的应用尤为突出。例如，智能投顾系统可以根据投资者的风险偏好、投资目标和市场环境，自动调整投资组合，实现资产的优化配置。这种智能化的投资方式不仅提高了投资效率，还降低了投资门槛，使得更多的人能够享受到专业的投资服务。同时，人工智能还可以快速处理海量的金融交易数据，进行风险评估和预警，为金融机构提供及时、准确的风险管理信息。

在制造业中，人工智能的应用同样广泛。通过智能生产线和机器人技术，企业可以实现生产过程的自动化和智能化，提高生产效率和质量。此外，人工智能还可以对生产数据进行实时监测和分析，发现生产过程中的问题和瓶颈，为企业的持续改进和优化提供有力支持。

然而，尽管人工智能在工作领域具有诸多优势，但它并不能完全取代人类。人类具有独特的创造力、情感判断力和战略思维能力，这些能力是人工智能难以模仿和超越的。因此，在未来的工作场景中，人类与人工智能将形成一种紧密的合作关系，共同承担工作任务，实现优势互补。

（二）科学研究领域的协同探索

在科学研究领域，人工智能正在成为人类探索未知世界的得力助手。通过深度学习、机器学习等先进技术，人工智能可以处理和分析复杂的实验数据，发现数据中的隐藏规律和模式，为科学研究提供新的视角和思路。

如在天文学领域，人工智能已经取得了许多成果。例如，通过对海量天体观测数据的分析，人工智能可以帮助天文学家发现新的星系、恒星和行星，揭示宇宙的演化历程和奥秘。在生物学领域，人工智能同样发挥着重要作用。通过解析基因序列数据，人工智能可以预测蛋白质的结构和功能，为新药研发提供有力支持。

此外，人工智能还可以辅助科学家进行模拟实验和预测分析。通过构建高精度的数学模型和仿真系统，人工智能可以模拟各种物理、化学和生物过程，预测实验结果和变化趋势。这种模拟实验的方式不仅可以降低实验成本和时间成本，还可以提高实验的准确性和可靠性。

然而，科学研究并非简单的数据分析和模型预测，它更需要科学家的创造力、想象力和批判性思维。因此，在科学研究领域，人类与人工智能的共生模式表现为一种协同探索的关系。人类科学家利用自己的专业知识和经验，提出研究假设和实验方案，而人工智能则通过数据处理和分析，为科学家提供有力的支持和验证。这种协同探索的方式将推动科学研究不断向前发展,为人类带来更多的科学发现和技术创新。

(三)艺术创作领域的融合与创新

在艺术创作领域,人类与人工智能的共生模式同样表现出独特的魅力。通过学习和模仿人类的艺术作品和风格,人工智能可以生成具有创意和美感的艺术作品。这些作品不仅具有独特的艺术风格,还能够与人类艺术家的作品相互融合和互补。

在音乐创作方面,人工智能已经能够生成具有优美旋律和节奏感的音乐作品。这些作品虽然缺乏人类情感的真实性和深度,但它们的创意和新颖性却为人类音乐家提供了灵感和素材。人类音乐家可以在人工智能生成的作品的基础上进行加工和完善,创作出更加优秀的音乐作品。

在绘画创作方面,人工智能同样展现出了强大的创作能力。通过学习和分析各种绘画风格和技巧,人工智能可以生成具有独特风格的绘画作品。这些作品虽然与人类画家的作品在细节和质感上存在差异,但它们的整体效果和风格却能够与人类画家的作品相互呼应和补充。

然而,艺术创作并非简单的技术模仿和风格复制,它还需要艺术家的创造力、想象力和情感投入。因此,在艺术创作领域,人类与人工智能的共生模式表现为一种融合与创新的关系。人类艺术家利用自己的情感和审美观念,为人工智能的作品注入生命力和灵魂,而人工智能则通过技术手段和创意灵感,为人类艺术家的创作提供新的可能性和方向。这种融合与创新的方式将推动艺术创作不断向前发展,为人类带来更多的艺术享受和审美体验。

（四）面临的挑战与应对策略

尽管人类与人工智能的共生模式具有诸多优势，但它也面临着一些挑战和问题。例如，如何确保人类在共生关系中始终保持主导地位？如何解决人工智能决策过程中的透明度和可解释性问题？如何建立合理的伦理道德规范和法律制度来规范人类与人工智能的行为？

为了确保人类在共生关系中始终保持主导地位，我们需要加强对人工智能技术的监管和控制。通过制定严格的技术标准和安全规范，确保人工智能在应用中不会超出人类的控制范围。同时，我们还需要加强对人工智能技术的教育和培训，提高人类对人工智能技术的认知和理解能力。

为了解决人工智能决策过程中的透明度和可解释性问题，我们需要加强对人工智能算法的研究和优化。通过提高算法的可解释性和透明度，使人类更好地理解人工智能的决策过程和结果。此外，我们还可以通过建立人工智能决策系统的反馈机制来不断优化和改进算法的性能和效果。

为了建立合理的伦理道德规范和法律制度来规范人类与人工智能的行为，我们需要加强对人工智能技术的伦理和法律研究。通过制定明确的伦理道德规范和法律制度来约束人类与人工智能的行为和关系，确保人工智能技术在应用中不会损害人类的利益和社会的发展。

在应对这些挑战的过程中，我们还需要加强国际合作和交流。通过分享经验和资源，共同推动人类与人工智能的共生关系向着更加健康、和谐和可持续的方向发展。同时，我们还需要加强人工智能技术的普及和宣传工作，提高公众对人工智能技术的认知和理解程度，为构建更加美好的未来社会奠定坚实的基础。

综上所述，人类与人工智能的共生模式是未来社会发展的必然趋势。在科学研究领域和艺术创作领域等方面，人类与人工智能将形成紧密的合作关系和互补关系，共同推动社会的进步和发展。然而，在应对挑战和问题的过程中，我们需要加强对人工智能技术的监管和控制、加强对算法的研究和优化、建立合理的伦理道德规范和法律制度等措施来确保人类与人工智能的共生关系向着更加健康、和谐和可持续的方向发展。

三、对人类文明发展的长远意义

在人类历史的长河中，科技的每一次重大进步都深刻地影响着人类文明的发展轨迹。人工智能，作为21世纪最具革命性的技术之一，将在未来对人类文明产生全方位、多层次、深远而重大的影响。以下将从知识传承与创新、社会结构与文化演变、人类对自身和宇宙的认知等多个维度，探讨人工智能对人类文明发展的长远意义。

人工智能技术的快速发展，特别是自然语言处理、数据挖掘和机器学习等领域的突破，使得信息处理和知识管理的效率得到前所未有的提升。通过构建全球性的知识图谱，人工智能能够快速整合、分析和呈现人类历史上的所有知识积累，从古籍文献到现代科研成果，无所不包。这种全面的知识库不仅为学术研究提供了便捷的工具，也为个人学习提供了无限的可能。学生和研究人员可以跨越时间和空间的限制，轻松获取所需的知识资源，极大地拓宽他们的学习视野和研究范围。

在广泛获取知识的基础上，人工智能还能通过智能推荐系统、创新预测模型等手段，帮助人们发现新的研究方向、解决未解之谜。

这些技术通过分析大量的科研数据、学术论文和专利信息，能够识别出潜在的研究热点和趋势，为科研人员提供创新的灵感和方向。此外，人工智能还能通过模拟实验、预测结果等方式，辅助科研人员验证假设、优化方案，加速科研进程，从而推动科学发现和技术创新。

在教育领域，人工智能的应用正在推动教育模式的深刻变革。通过个性化学习系统、智能辅导机器人等手段，人工智能能够根据学生的学习特点和需求，提供定制化的学习资源和教学策略，从而提高教学效果和学习效率。同时，人工智能还能通过数据分析，实时评估学生的学习进度和成果，为教师提供精准的教学反馈和建议，促进教育质量的持续提升。

随着人工智能技术的广泛应用，与之相关的研发、维护、管理等职业将成为新的就业增长点。这些新兴职业不仅要求从业者具备专业的技术知识和技能，还要求他们具备创新思维、团队协作和解决问题的能力。因此，人工智能的发展将推动社会结构的深刻调整，催生新的社会阶层和职业群体，为社会的多元化和包容性发展注入新的活力。

在人工智能的推动下，文化生活将呈现出多元化、数字化、智能化的发展趋势。虚拟社交、数字艺术、智能文化体验等新兴文化形式将逐渐兴起并流行，丰富人们的精神文化生活。例如，通过虚拟现实和增强现实技术，人们在家中就能享受到身临其境的文化体验；通过智能推荐系统，人们可以轻松发现符合自己兴趣的文化产品和活动；通过人工智能创作工具，人们可以轻松地创作出自己的音乐作品、绘画作品等，从而激发更多的文化创造力和创新精神。

人工智能的发展还将促进不同文化之间的交流与融合。通过智能翻译、跨文化交流平台等工具,人工智能可以打破语言和地域的障碍,使人类文化在全球范围内实现更广泛的传播与共享。这种跨文化的交流不仅有助于增进不同国家和民族之间的理解和友谊,还有助于推动文化的创新和发展,形成更加多元、包容和开放的文化生态。

通过对人类思维和行为的模拟研究,人工智能将为我们更深入地了解人类智能的本质和机制提供帮助。例如,通过深度人工神经网络技术模拟人类大脑的神经网络结构,我们可以探索人类思维的运作方式和原理;通过情感计算技术模拟人类的情感表达和感知能力,我们可以揭示情感的奥秘和情感的智能作用。这些研究不仅有助于我们更好地理解人类自身的智能和行为特点,还有助于我们开发更加智能、更加人性化的机器人和智能系统。

在宇宙探索中,人工智能将发挥不可替代的作用。通过协助人类设计和操控更加先进的探测设备和分析宇宙观测数据,人工智能可以帮助我们寻找外星生命、解开宇宙起源和演化的谜题等。例如,通过智能算法优化射电望远镜的观测策略和提高对微弱宇宙信号的捕捉和分析能力,我们可以更加深入地探索宇宙的奥秘;通过数据挖掘和机器学习技术分析和解读宇宙观测数据中的规律和模式,我们可以揭示宇宙的演化历程和未来趋势。这些研究不仅有助于我们拓展对宇宙的认知边界,还有助于我们更好地保护地球和人类的未来。

人工智能的发展还将推动我们对自身认知局限性的突破。通过模拟和实验验证等手段,人工智能可以帮助我们发现人类思维中的盲点和偏见,揭示人类认知的局限性和不足之处。这些发现将有助于我们更加客观地认识自己和世界,推动人类思维的进步和发展。同时,人工智能还可以为我们提供新的思维方式和工具来解决问题和应对挑战,从而拓展我们的认知能力和应用范围。

然而,我们也必须清醒地认识到,人工智能的发展是一把双刃剑。在为人类文明带来巨大机遇的同时,也伴随着诸多风险和挑战。例如,人工智能可能引发就业市场的变革和失业问题的加剧;可能侵犯个人隐私和信息安全;可能加剧社会不平等和分化;甚至可能对人类生存和地球环境造成潜在威胁。因此,我们需要以审慎、负责的态度引导人工智能的发展,充分发挥其优势,规避其风险。

政府和相关机构应加强对人工智能技术的监管和规范力度,制定和完善相关法律法规和政策措施,确保人工智能的发展符合社会伦理和道德规范。同时,还应加强对人工智能技术的评估和监测工作,及时发现并解决潜在的风险和问题。

面对人工智能带来的全球性挑战和问题,各国应加强国际合作与交流,共同制定国际标准和规范,推动人工智能技术的健康发展。通过分享经验和资源、加强科研合作和技术交流等方式,我们可以共同应对人工智能带来的挑战和问题,推动人类文明的可持续发展。

公众对人工智能的认知和态度也是影响其发展的重要因素之一。因此,我们需要加强对公众的教育和宣传工作,提高公众对人工智能技术的认知和理解程度。通过普及人工智能知识、开展科普活动等方式,可以增强公众对人工智能技术的信任和支持度,为人工智能的健康发展营造良好的社会氛围。

人工智能对人类文明的发展具有深远而重大的意义。它将在知识传承与创新、社会结构与文化演变、人类对自身和宇宙的认知等多个维度上推动人类文明实现跨越式发展。然而,我们也必须清醒地认识到人工智能发展带来的挑战和风险,并以审慎、负责的态度引导其健康发展。只有这样,我们才能确保人工智能始终服务于人类的进步与福祉,使人类在这一伟大的科技变革浪潮中实现可持续的发展与升华。